Biotechnologie in Cartoons

Reinhard Renneberg • Viola Berkling

Biotechnologie in Cartoons

Mit Grafiken von Ming-fai Chow

Springer Spektrum

Reinhard Renneberg
Dept. Chemistry
Hong Kong University Science & Technology
Kowloon, Sonderverwaltungszone Hongkong

Viola Berkling
Oschersleben, Deutschland

ISBN 978-3-8274-2038-1   ISBN 978-3-8274-2178-4 (eBook)
DOI 10.1007/978-3-8274-2178-4

Die Deutsche Nationalbibliothek verzeichnet diese Publikation in der Deutschen Nationalbibliografie; detaillierte bibliografische Daten sind im Internet über http://dnb.d-nb.de abrufbar.

Springer Spektrum

Planung und Lektorat: Merlet Behncke-Braunbeck, Bettina Saglio
Layout/Gestaltung: Darja Süßbier
Farbillustration: Steffi Kaiser
Einbandillustration: Ming-fai Chow
Einbandgestaltung: deblik Berlin

Gedruckt auf säurefreiem und chlorfrei gebleichtem Papier

Springer Berlin Heidelberg ist Teil der Fachverlagsgruppe Springer Science+Business Media
(www.springer.com)

Nanoroos Landung auf der Erde

„Wir passieren die Erdatmosphäre"

Ah, was für interessante Erdlinge es gibt.

Oh, HILFE!

Es war einmal in ferner Zukunft: da kam es zu einer Bruchlandung eines winzigen Raumschiffs.

Prinzessin Biola, des Königs siebzehnjährige Tochter, erblickt plötzlich direkt neben ihr kleine Lichtblitze.

STUDIERZIMMER
DES KÖNIGS

Papa, ich glaube, ein kleiner Stern ist auf dem Balkon gelandet.

Eine Sternschnuppe?

Hast du dir etwas gewünscht?

Hallo!
Hat da nicht gerade jemand gesprochen?

Hilfe!

Ich bin zu klein, ihr könnt mich nicht sehen!

War das ein Scherz von jemandem?
Woher kommt diese Stimme?

Bringt mich bitte in euer Labor.

Biola, leih mir doch bitte deinen Malpinsel.

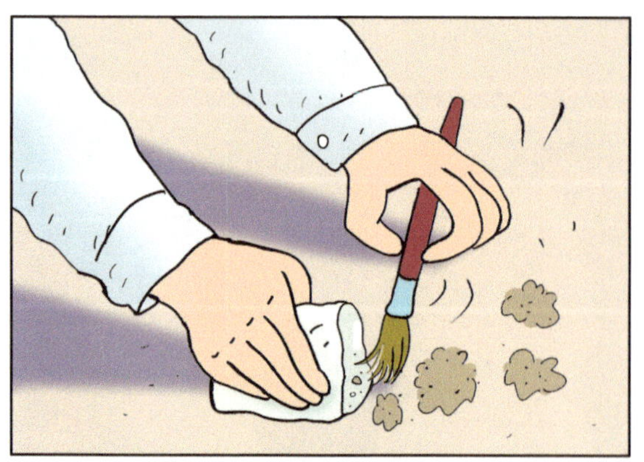

Haben wir es hier etwa mit einem superkleinen Mikrofon oder einem Mikro-rekorder zu tun?

Ich bin jetzt in diesem Beutel hier.

LABOR
König Alfred ist ein sehr ehrgeiziger Wissenschaftler und forscht gern. Er hat sogar ein eigenes Labor im Palast.
Papa, sollen wir deine Leibwächter oder die Armee rufen?

Ich lege jetzt die Probe unter das Elektronenmikroskop. Oh, nein!

Ein Elektronen-mikroskop kann Objekte bis zu zwei Millionen Mal vergrößern.

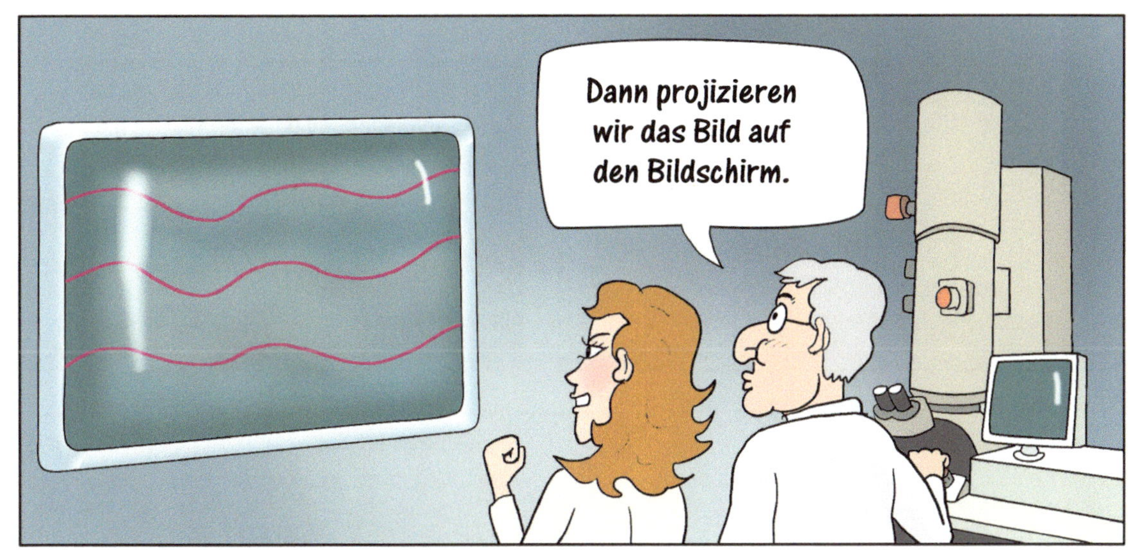

Dann projizieren wir das Bild auf den Bildschirm.

Interessant! Es gibt so viele Dinge im Staub.
Bitte vergrößere es noch ein wenig.

Schau mal, was ist das für ein Leuchtkörper?
Ich habe so etwas noch nie zuvor gesehen! Ist das ein Nano-Mikrofon?

Hi König, hi Prinzessin, das ist mein Raumschiff.

Lasst mich unsere Parameter anpassen, so dass ihr mich in meinem Raumschiff sehen könnt.
Mikrofon?

Hi !
Hei, was ist das ...? Wer bist du denn?

Ich bitte die Störung zu entschuldigen, aber ich komme von einem anderen Planeten.
Meine Raumkapsel hat einige Probleme und so bin ich auf der Erde, bei euch, gelandet.

Und du sprichst unsere Sprache ?

Wir sind schon einige Male bei euch auf der Erde gewesen. Deshalb habe ich einen Nano-Übersetzer für alle möglichen Sprachen dabei, auch für eure.

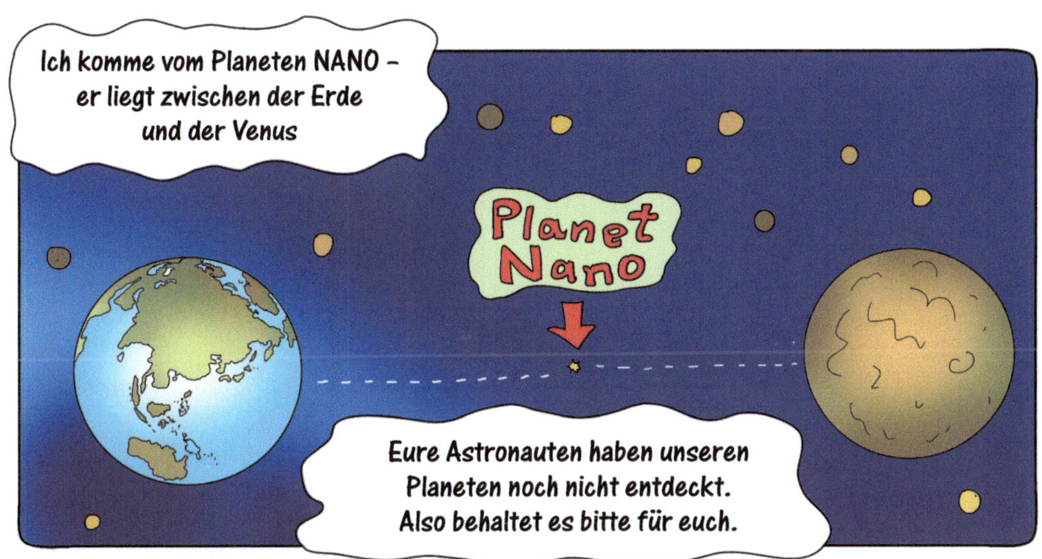

Ich komme vom Planeten NANO – er liegt zwischen der Erde und der Venus
Planet Nano
Eure Astronauten haben unseren Planeten noch nicht entdeckt. Also behaltet es bitte für euch.

Wir sind wissenschaftlich weit vorangeschritten und führen Untersuchungen auf verschiedenen Planeten durch.
Wir sind so winzig, dass wir für unsere Exkursionen den Photonendruck der Sonne nutzen.
Ein Photon benötigt nur 8 Minuten von der Sonne zur Erde.

Wie klein bist du denn ?

Ich bin grad mal 20 Nanometer klein.

Wow! Dann bist du viel kleiner als ein rotes Blutkörperchen oder ein Bakterium!

Unser menschliches Auge kann Objekte erst ab einer Größe von 10000 Nanometer erfassen.

Ich bin fast 2 Meter groß.

Gut...
2 Meter sind
2 000 000 000
Nanometer.

Das bedeutet, dass ich 100 Millionen mal größer bin als du!

Du bist nur 20 Nanometer groß?
Deine Körperstruktur muss sich total von unserer unterscheiden.

Denn auf Nano-Ebene wirken verschiedene Kräfte.

Und warum bist du nun auf die Erde gekommen?

In meiner Welt bin ich ein Biotechnologie-Professor und bin zu euch gekommen, um eure Entwicklungen auf dem Gebiet der Makro-Biotechnologie zu studieren.

Ausgezeichnet! Ich hoffe, du kannst uns bei der Biotechnologie helfen und so zum Wohle der Menschen beitragen.

Unsere Technologie weicht erheblich von eurer ab. Aber ich tue, was ich kann. Eure Hilfe brauche ich jedoch, um Reparaturmaterial für mein Raumschiff zu bekommen.

Aber ich habe auch noch eine Spezial-aufgabe.

Was ist das für eine Mission?

Ich suche einen meiner Studenten, der ohne Erlaubnis zur Erde kam.
Welch großes Problem!

Ich habe ihn gesucht, bin hinter ihm her und hab herausgefunden, dass er in eurem Königreich gelandet ist.
Ich fürchte, er wird, ohne es zu wollen, Probleme bereiten ...

Wie kommt es, dass du und er so unterschiedlich im Aussehen seid?

Na, wer ist hübscher? Er hat drei Augen.

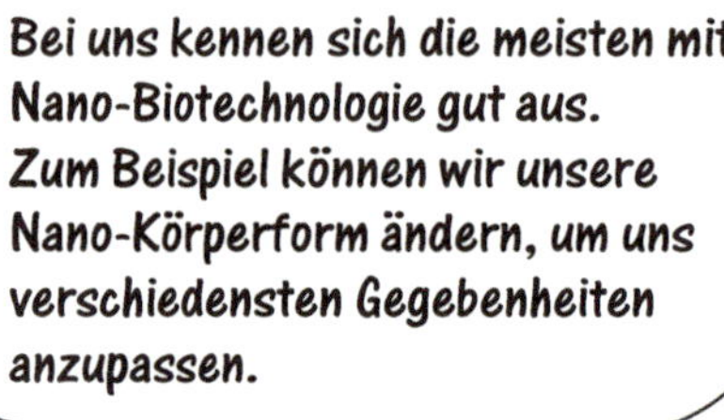

Bei uns kennen sich die meisten mit Nano-Biotechnologie gut aus. Zum Beispiel können wir unsere Nano-Körperform ändern, um uns verschiedensten Gegebenheiten anzupassen.

Wenn ich mit einer Mikrozelle auf einem fremden Planeten sprechen will, kann ich mich leicht in eine solche verwandeln.

Ich experimentiere mit Rundum-Augensicht. Oh, mir ist schwindlig, wo ist vorn ?

Mit der Nano-Biotechnologie muss man sehr sorgsam umgehen.

Mein entlaufener Student liebt es zu experimentieren und probiert die seltsamsten Ideen aus.
Hoffentlich stellt er kein Chaos auf der Erde an.

Nur keine Aufregung. Ich krieg ihn schon.

Professor, obwohl du so winzig klein bist, habe ich dich so klar sprechen gehört.

Oh ja, wir sind wirklich sehr weit fortgeschritten auf dem Gebiet der Nanotechnologien.

Und wir sind sehr friedliebend, gar nicht angriffslustig oder invasiv.
Wir sind nur sehr neugierig. Wir ziehen unsere Freude aus Wissen und Lernen.

Wie kann ich dich übrigens nennen? Wie heißt du?

Unsere Sprache ist unglaublich kompliziert für euch. Haha!

Und oft nutzen wir unsere Sprache überhaupt nicht zum Kommunizieren.

Aber, lass mich nachdenken, wie du mich nennen könntest ...
Ich bin so nano-klein ...

Professor, du siehst aus wie ein Känguruh, im Englischen kangaroo. Darf ich dich Prof. Nanoroo nennen?

Bitte entschuldige, Kollege, meine Tochter ist sehr unhöflich.

Nein, das ist doch okay! Ein schöner Name. Er gefällt mir sehr! NANOROO!

Prof. Nanoroo, darf ich mir auch einen Namen für deinen Studenten ausdenken?
Darf ich ihn PicoLeo nennen?
Pico 10⁻¹²
ist die nächst kleinere Maßeinheit nach Nanometer 10⁻⁹
Milli, Mikro, Nano, Pico!
Immer tausendmal kleiner!
Milli 10⁻³
Mikro 10⁻⁶
Nano 10⁻⁹
Pico 10⁻¹²
Nun, er ist dein Student, also ist er kleiner.
Der Name PicoLeo passt also ausgezeichnet zu ihm.
Oh, sehr gut. Er wird den Namen mögen.
Aber zuerst muss ich ihn mal finden und sicher sein, dass er nichts Dummes anstellt.

Wir haben einen ET Gast bei uns, obwohl wir uns solche Typen gar nicht vorstellen konnten.

Er ist so freundlich, ich vertraue ihm.
Ja, ich auch.

Uh ... Oh ...

Oh, entschuldigt mich bitte, nach solch einer langen Reise muss ich meinen Nano-Schlaf machen.

Wir reden später weiter.

Prof. Nanoroo, wir freuen uns auf weitere spannende Gespräche. Guten Nano-Schlaf!

BIOMOLEKÜLE BAUSTEINE DES LEBENS

Wasserstoff (H)

Kohlenstoff (C)

Stickstoff (N)

Sauerstoff (O)

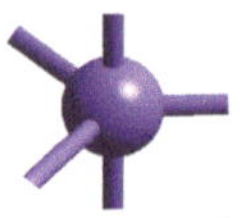

Phosphor (P)

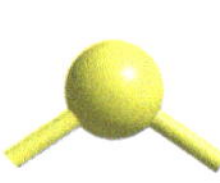

Schwefel (S)

Wasserstoff (H), **Sauerstoff (O)**, **Kohlenstoff (C)** und **Stickstoff (N)** stellen beim Menschen 96% der Körpermasse. Sie sind neben Helium und Neon auch die häufigsten Elemente im Universum.

Einen weitaus geringeren Anteil haben **Schwefel (S)**, wichtig für die Proteinstruktur, und **Phosphor (P)** für Energieumwandlung und Signalsteuerung.

Wie können wir uns von Molekülen ein Bild machen?

Der Realität am nächsten kommen **Kalottenmodelle**. Sie empfinden die räumliche Ausdehnung und Anordnung der Atome nach. Ihre van-der-Waals-Radien markieren ihre „Privatsphäre". **Kugel-Stab-Modelle** stellen dagegen kleine gleich große Kugeln dar, die über Stäbe verbunden sind. **Strukturformeln** zeigen Bindungen durch einen oder mehrere Striche zwischen den Elementsymbolen. „R" (Rest) steht oft für einen großen Molekülteil, der aus Gründen der Übersicht nicht aufgeführt wurde.

Wasser-Molekül

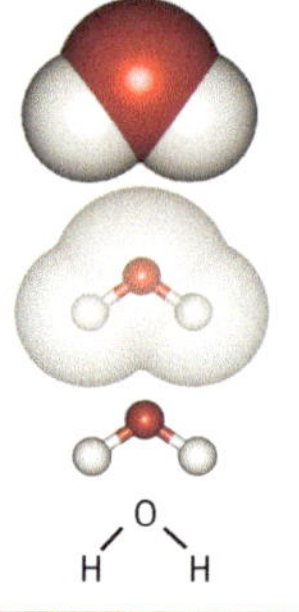

Traubenzucker (β-D-Glucose)

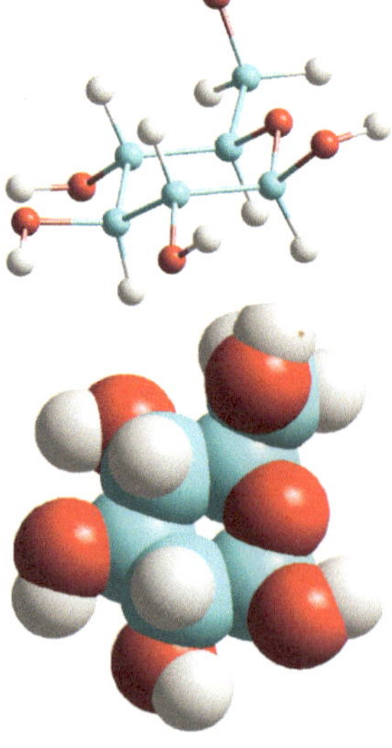

Kohlenhydrate (Zucker) sind Energielieferanten (Glucose, Stärke, Glykogen) und Strukturbildner (Cellulose, Chitin).

Grundeinheiten der Kohlenhydrate sind kleine Ketone (mit C=O-Gruppe) und Aldehyde (mit HC=O) mit zwei oder mehr Hydroxylgruppen (OH). Das Monosaccharid β-D-Glucose (Traubenzucker) ist hier gezeigt.

Kugel-Stab-Modelle der Nucleotide

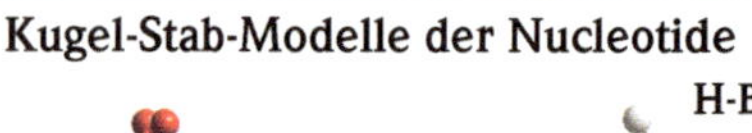

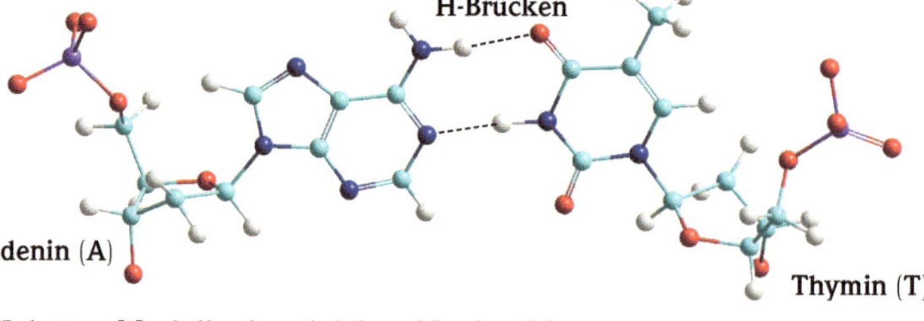

Kalotten-Modelle der gleichen Nucleotide

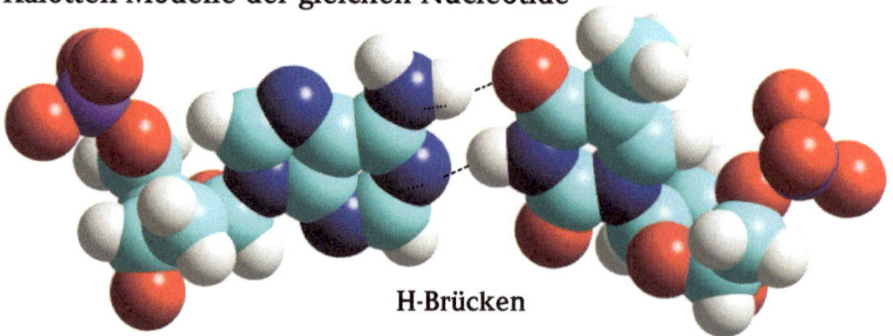

Nucleotide sind Bausteine der Nucleinsäuren (DNA und RNA), der Informationsträger der Zellen. Sie bestehen aus einem Zucker (Desoxyribose oder Ribose), einer Base (Adenin, Thymin, Cytosin, Thymin; bei RNA Uracil statt Thymin) und einem Phosphatrest. A und T (hier gezeigt) bilden zwei H-Brücken aus, G und C drei.

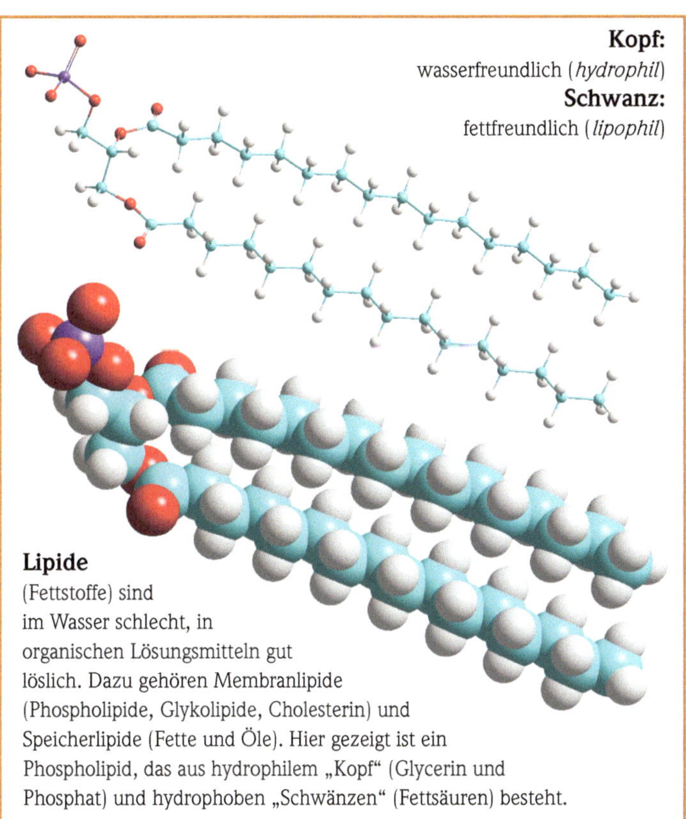

Lipide

(Fettstoffe) sind
im Wasser schlecht, in
organischen Lösungsmitteln gut
löslich. Dazu gehören Membranlipide
(Phospholipide, Glykolipide, Cholesterin) und
Speicherlipide (Fette und Öle). Hier gezeigt ist ein
Phospholipid, das aus hydrophilem „Kopf" (Glycerin und
Phosphat) und hydrophoben „Schwänzen" (Fettsäuren) besteht.

Aminosäuren

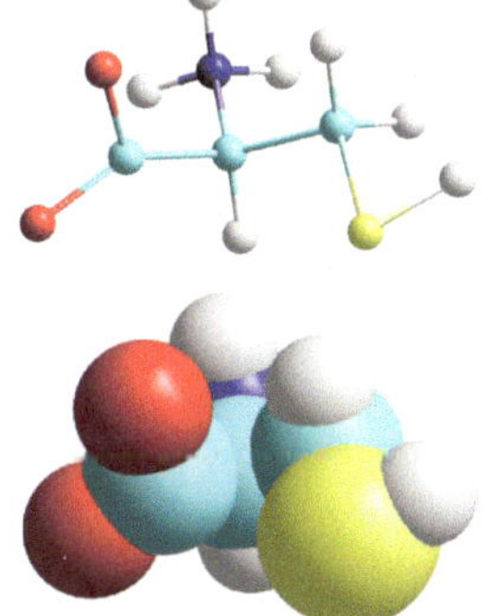

20 verschiedene **Aminosäuren** sind
linear zu Polypeptidketten der Proteine
verknüpft. Sie besitzen ein zentrales
C-Atom, um das eine Aminogruppe
($-NH_2$), eine Carboxylgruppe (-COOH),
ein H-Atom und eine variable Seiten-
kette (-R) gruppiert sind.

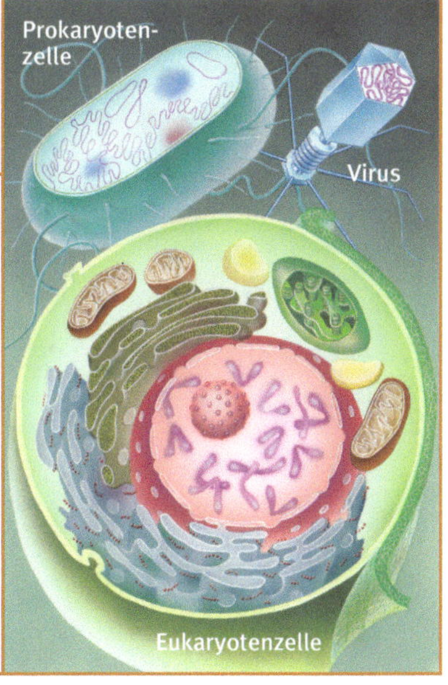

Zellen

Bakterien (oben links)
haben einfache Zellen
ohne Zellkern. Die DNA
schwimmt frei in der Zelle.
Pflanzenzellen und
Tierzellen haben einen
Zellkern.
Viren (oben rechts) sind
keine Zellen, sondern
nur DNA oder RNA mit
einer Hülle, also nur
Information, keine
Lebewesen!

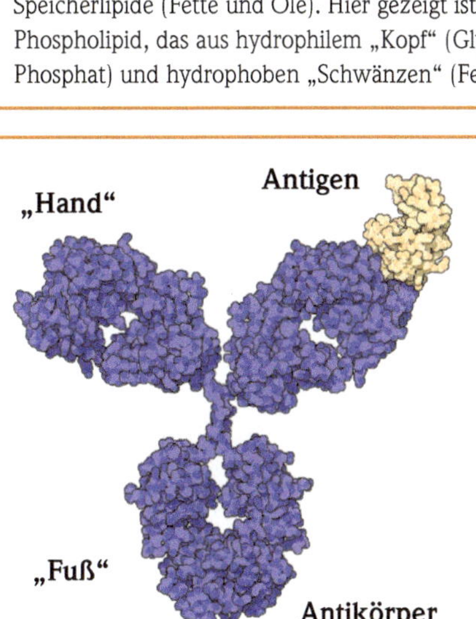

Antikörper sind die entscheidenden
Proteine des Immunsystems. Hier gezeigt ist
das Y-förmige Immunglobulin G.
Es besteht aus zwei leichten und zwei
schweren Ketten mit zwei "Armen" und den
„Fingerspitzen", den Antigenbindungsstellen
(Paratopen), und einem „Fuß".
Antikörper binden spezifische Antigene.

Enzyme

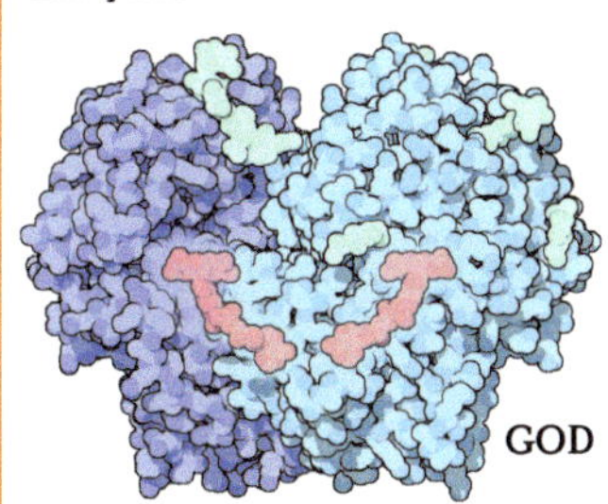

Enzyme sind biokatalytische
Proteine. Hier gezeigt ist die
Glucose-Oxidase (GOD).
Die GOD besteht aus
2 x 256 Aminosäurebausteinen.

Als prosthetische Gruppe dient
FAD (Flavinadenindinucleotid)
im aktiven Zentrum.

SCHLÄFRIGE
HEFE
&
LOCKERES
BROT

Guten Morgen, Papa, hast du in den letzten 2 Tagen mit Prof. Nanoroo gesprochen?

Nur kurz. Er repariert gerade sein Raumschiff.

Oh, wieso ist das Brot heute so flach und pappig?

Wegen der kosmischen Strahlung von Prof. Nanoroo?

Das ist eine gute Frage, die ich ihm gleich mal stellen werde.

Ob er schon wach ist?

Guten Morgen König, ich bin schon früh aufgewacht.

Guten Morgen Professor, ich habe eine Frage.

DAS BROT ist so merkwürdig. Kann das an der Strahlung deines Raumschiffes liegen?

Mein Raumschiff hat keine Strahlung.

Brot? Lass mich mal meine beiden Denkkappen aufsetzen.

Oh, Brot ist eins der Hauptnahrungsmittel der Menschen.

Nur wenige wissen, dass es ein berühmtes und frühes Beispiel der BIOTECHNOLOGIE ist.

Lange bevor die Menschen von der Existenz der MIKROBEN wussten, wurden sie genutzt, um Nahrung herzustellen.

Schon vor 4000 JAHREN haben die alten Ägypter Hefe zur Brotherstellung genutzt.

Du sagst, dass das Brot heute so anders ist.
Könnte das mit meinem frechen Studenten PicoLeo zusammen hängen?

Ich erkunde es für dich.

Los, ab ins Cockpit.

Mein Raumschiff kann wieder fliegen ...

Auch wenn es im Moment nicht ins All fliegen kann.

... so findet es doch leicht den Weg in die Palastküche.

PALAST-KÜCHE

Ich suche den Koch …

…aber nicht den menschlichen.

HEFE
HEFE

Hallo Hefe-Chef!
ZZZ

Hi!
Wer ruft mich? Hallo!

Ich bin Prof. Nanoroo, ein Freund von König Alfred.
!

Das Nanoroo ist zu winzig, um vom Hefe-Chef gesehen zu werden.
Dafür muss es ins Raumschiff.

GRÖSSENVERGLEICH

Ein rotes Blutkörperchen misst 6 - 8 Millimeter im Durchmesser.

Eine Hefezelle misst 3 – 4 Mikrometer im Durchmesser.

Nanoroos Raumschiff ist 3 Mikrometer lang.

Nanoroo selbst ist gerade mal 20 Nanometer klein

1 Zentimeter = 10 000 Mikrometer
1 Mikrometer = 1000 Nanometer

Stärke besteht aus Tausenden Zuckermolekülen.

Mehl enthält Stärke.

Der Bäcker gibt dem Brotteig Trockenhefe zu.
Hefe schläft und ist inaktiv, wenn sie trocken ist.
Hefe kommt in den
Brotteig
Warmes Wasser und Zucker im Brotteig aktivieren die Hefe.
Hei, Zucker! Sauerstoff! Waaah!
O_2
Party- zeit!
Die Hefe nimmt den Zucker auf.
Lecker!
Mit Nahrung und Sauerstoff vermehrt sich die Hefe.

Hefe nimmt Zucker und Sauerstoff auf. Daraus entstehen CO₂, Energie und Alkohol.
O₂
O₂
O₂
Alkohol
Alkohol
Alkohol
CO₂
CO₂
CO₂

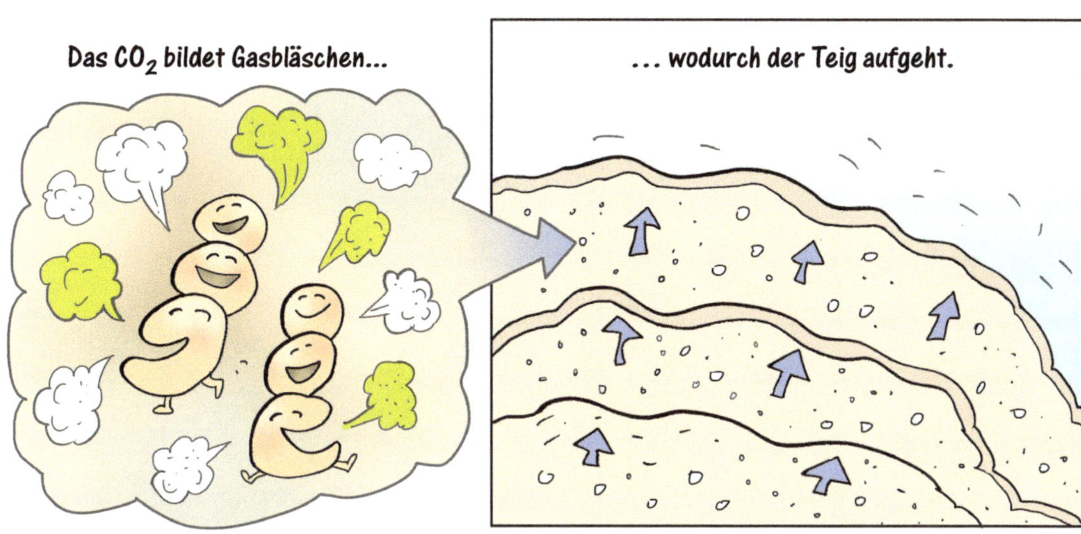

Das CO₂ bildet Gasbläschen...
... wodurch der Teig aufgeht.

Der Bäcker gibt dann den Teig in den Ofen.

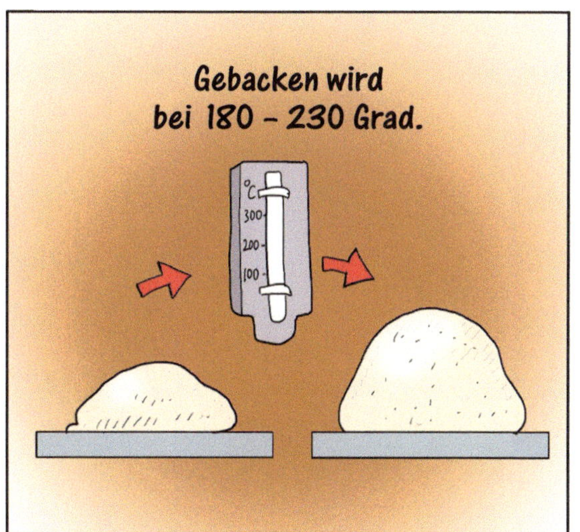

Gebacken wird bei 180 – 230 Grad.
°C
300
200
100

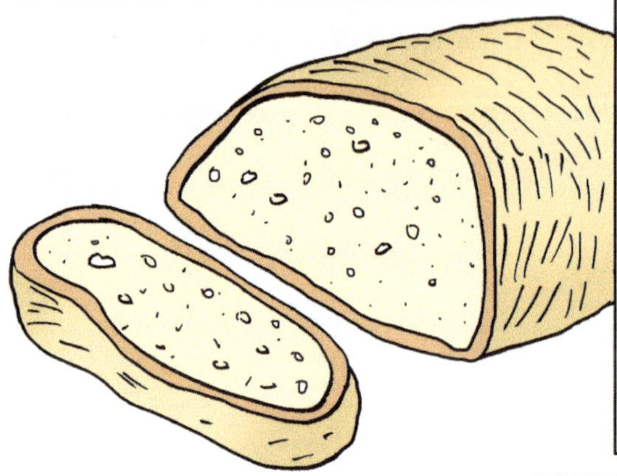

Das bei Hitze verdampfte CO_2 hinterlässt Löcher im Brot.

Das Brot wird so wunderbar weich und locker.

Ohne diesen Prozess bleibt es flach und pappig.

Ah, ich verstehe!

Hefe-Chef, du sagtest, dass ihr im Brot Alkohol freisetzt ...
Macht das nicht betrunken?

Nein!

Keine Sorge, der Alkohol verdampft auch während des Backvorgangs. Die Menschen werden also nicht betrunken, wenn sie Brot essen.

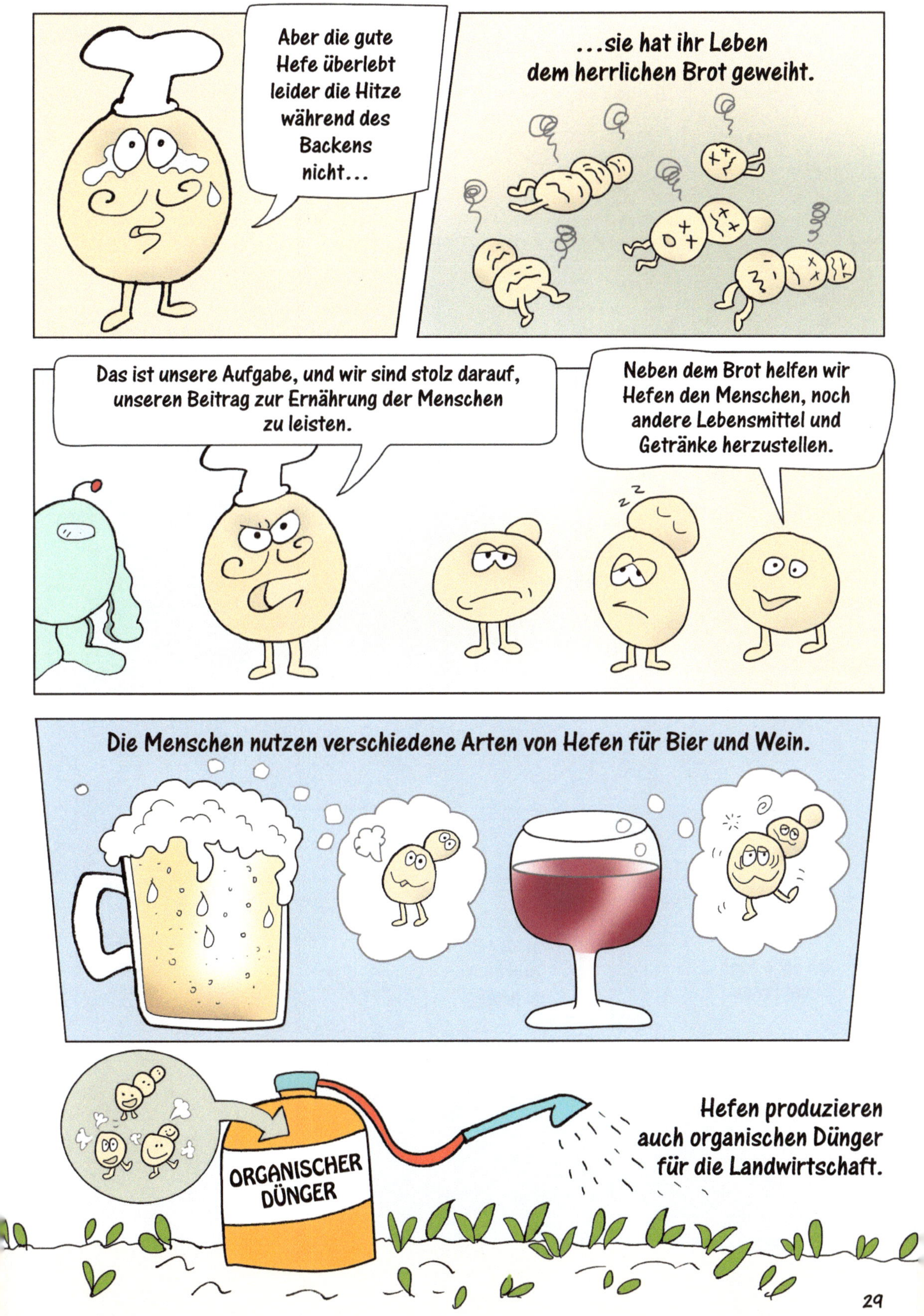

Aber die gute Hefe überlebt leider die Hitze während des Backens nicht...

...sie hat ihr Leben dem herrlichen Brot geweiht.

Das ist unsere Aufgabe, und wir sind stolz darauf, unseren Beitrag zur Ernährung der Menschen zu leisten.
Neben dem Brot helfen wir Hefen den Menschen, noch andere Lebensmittel und Getränke herzustellen.

Die Menschen nutzen verschiedene Arten von Hefen für Bier und Wein.

ORGANISCHER DÜNGER
Hefen produzieren auch organischen Dünger für die Landwirtschaft.

Meine Hochachtung für die Hefe.
Es wäre toll, wenn die Menschen unseren Beitrag anerkennen…
…und zum Beispiel unsere Fotos in Bars aufhängen würden.

Oder gerahmte Bilder in Restaurants?
WUNDER-HEFE
Hefe-Chef, ich habe noch eine Frage.

Und warum war das Brot nun heute so pappig?

Lass mich mal nachdenken.

Die Temperatur war viel zu niedrig.
Der Bäcker vergaß, den Ofen anzustellen.

Oh, nein, es ist nicht warm genug!
Wir Hefen arbeiten nicht, wenn die Temperatur nicht stimmt.

Zu kalt, keine Bläschen-Party.

Der Teig kann nicht aufgehen und das Brot bleibt flach.

Ähmm, nach so vielem Erzählen bin ich jetzt wieder müde.

Danke Chef!
Aktive Hefe benötigt eine warme Umgebung und gutes Essen!

Bericht an den König:
Das Brot war nicht das Problem.
Die Küche muss nur warm genug sein.
Und ich mach mich jetzt auf die Suche nach meinem frechen Studenten PicoLeo.

HEFEN — DIE ARBEITSPFERDE FÜR BROT UND ALKOHOL ...

Hefen sind **Pilze** (*Fungi*) und gehören speziell zur Gruppe der Schlauchpilze (*Ascomycetes*). Sie haben im Gegensatz zu den Bakterien einen **echten Zellkern**. Man nannte sie auch Sprosspilze, weil sie sich meist ungeschlechtlich durch „Sprossung" vermehren.

Hefen bestehen nur aus einer einzigen Zelle. Diese Mutterzelle bildet bei der Sprossung mehrere Ausstülpungen, Tochterknospen, die abgeschnürt werden, selbstständig lebensfähig sind und ihrerseits neue Zellen bilden können. Sie wachsen auf **Nährstoffen (ohne Photosynthese) in Wärme** im vorzugsweise sauren Milieu.

BIER

Bier entsteht durch alkoholische Gärung durch Hefen aus den Zuckern von Getreidesamen.

Auch heute beginnt das Bierbrauen wie schon bei den Sumerern und Ägyptern mit dem Keimen von Gerste, ihrer Umwandlung in **Malz**. Das Malz wird danach zerkleinert und mit warmem Wasser vermischt.

Dann entstehen innerhalb einiger Stunden aus der Getreidestärke, die in den Körnern gespeichert ist, durch die Wirkung von **Stärke abbauenden Enzymen** (*Amylasen*) Malzzucker (*Maltose*), Traubenzucker (*Glucose*) und andere Zucker.

Anschließend filtert man die festen Bestandteile ab und bringt den flüssigen süßen Anteil in den Braukessel. Dabei wird Hopfen zugesetzt. Er verleiht dem Bier den würzig-bitteren Geschmack.

Diese so entstandene **Würze** gießt der Brauer in einen Gärbottich und setzt **Brauerei-Hefen** hinzu.

Dann beginnt die **alkoholische Gärung**. Nach der Gärung lagert das Bier einige Zeit in Tanks, um zu reifen. Zum Schluss wird das Bier kurz erhitzt, um schädliche Mikroben abzutöten, und dann in Flaschen, Büchsen oder Fässer abgefüllt.

Die grundlegenden Vorgänge beim modernen Bierbrauen sind die gleichen wie vor mehreren tausend Jahren. Aber damals nutzten die Menschen Mikroorganismen nur unbewusst für ihre Zwecke.

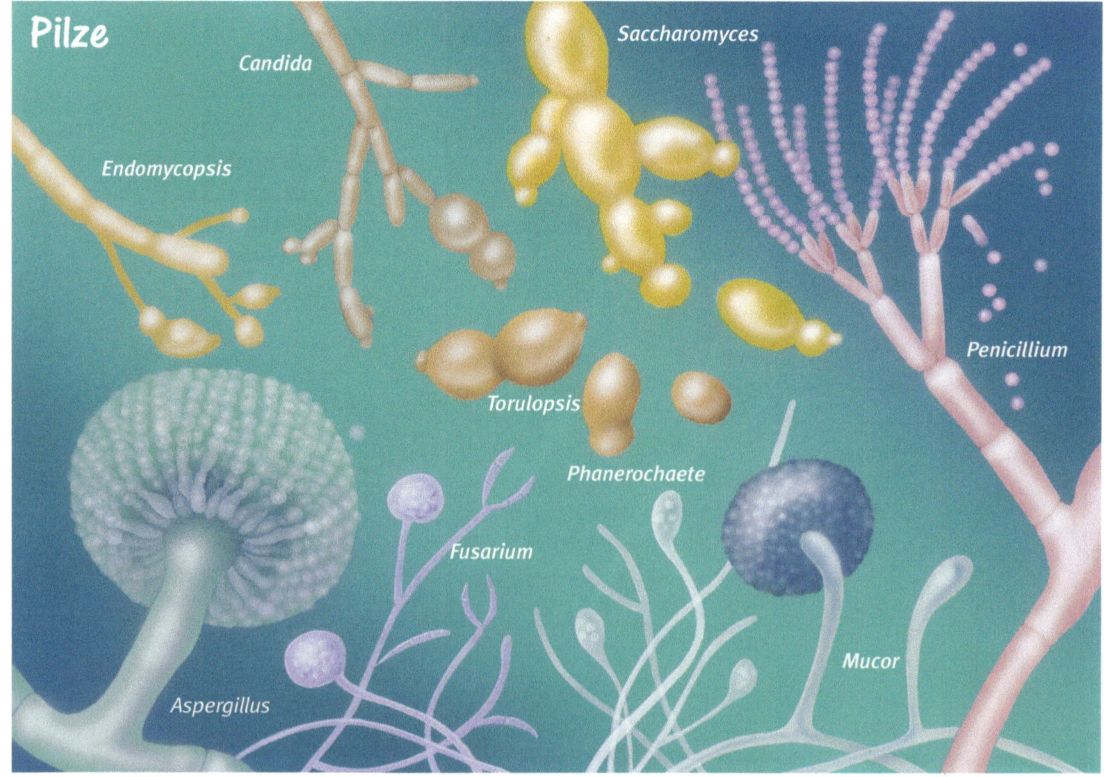

PILZE

Pilze spielen eine hervorragende Rolle in den **Kreisläufen der Natur**, vor allem bei Abbauprozessen. Etwa 70 000 Pilze wurden bisher klassifiziert.

Die Hefen gehören wie alle Pilze zu den Eukaryoten, das heißt, ihr Erbmaterial ist in einem **Zellkern** konzentriert. Sie sind Sprosspilze (*Endomyceten*).

Kulturhefen haben große industrielle Bedeutung als **Bierhefen** (z.B. *Saccharomyces carlsbergensis*), **Wein- und Backhefen** (*S. cerevisiae*) und **Futterhefen** (*Candida*).

Schimmelpilze gehören zu den Schlauchpilzen (Ascomyceten), der größten Gruppe der Pilze. Sie haben im Gegensatz zu den rundlichen Hefen lang gestreckte Zellen und **leben meist aerob (unter ausreichendem Sauerstoff)**. Schimmelpilze der Gattungen *Aspergillus* (Gießkannenschimmel) und *Penicillium* (Pinselschimmel) bilden die Basis für viele Biotechnologieanwendungen.

Penicillium chrysogenum ist der Produzent von Penicillin. Andere Pinselschimmel erzeugen spezielle Käsesorten wie Camembert und Roquefort.

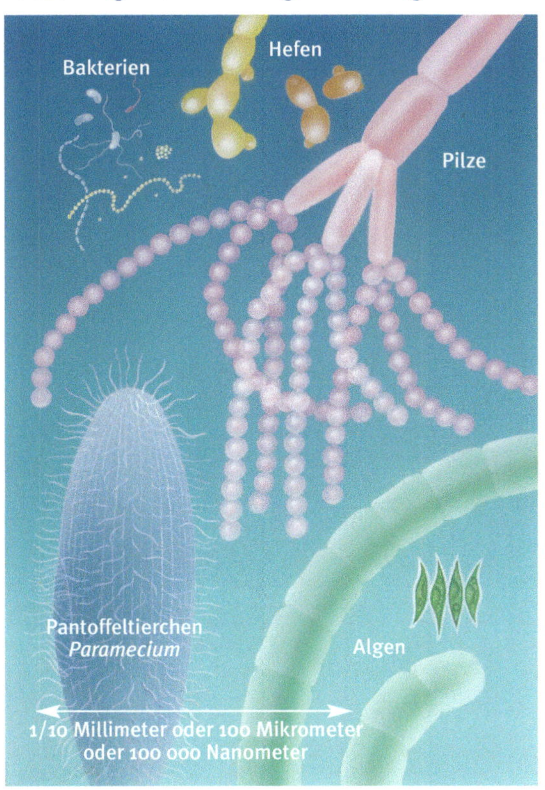

Die Länge des Pantoffeltierchens (*Paramecium*) entspricht etwa der Dicke eines menschlichen Haares: 1/10 Millimeter oder 100 Mikrometer oder 100 000 Nanometer.

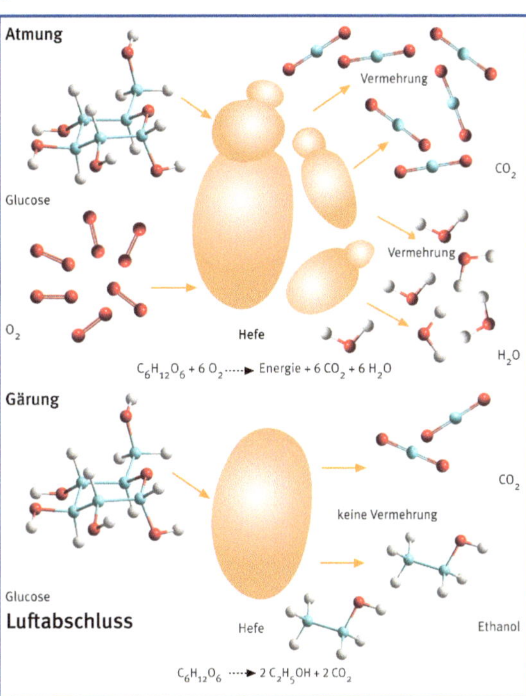

Wenn Hefen ausreichend Sauerstoff aus der Luft bekommen, vermehren sie sich und veratmen Glucose zu Wasser und CO_2. Unter Luftabschluss schalten sie dagegen auf Notatmung um, vermehren sich nicht, bilden aber CO_2 und Alkohol (Ethanol). Das benutzen wir gezielt für Bier, Wein und Brot.

BROT

Brot stellt man aus einer **Mischung von Mehl, Hefe, Salz und Wasser** her, der fertiger Sauerteig zugefügt wird. Der Teig wird geknetet und **gärt danach in Wärme** mehrere Stunden.

Anschließend teilt eine Maschine den Teig in brotlaibgroße Stücke. Die Portionen müssen wiederum gären, danach werden sie gerollt und in Backformen gefüllt. Bevor der Teig in den Ofen kommt, „geht" er erneut. Nach etwa 20 Minuten Backzeit nimmt man die knusprigen Brote aus dem Ofen und lässt sie abkühlen. Für Weißbrote und Kuchenteig rührt man dagegen nur Hefen mit Mehl und Wasser an.

ENZYME –
effiziente, präzise & zuverlässige
biochemische Katalysatoren

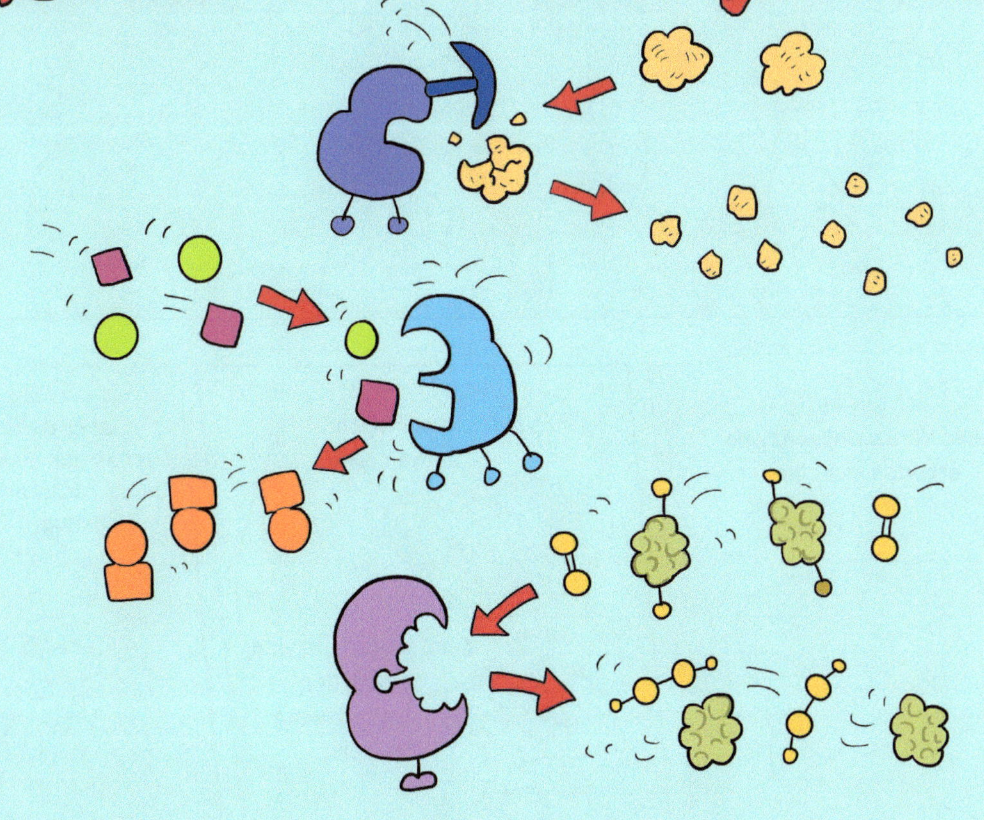

Am selben Abend im Palast...

Oh, ich kann einige Trypsin-Tabletten nehmen. Trypsin ist ein Enzym, das bei der Verdauung hilft.
Diese Trypsin-Tabletten werden aus Schweinemägen hergestellt.

Enzym ... was ist das?

Prinzessin Biola ruft Prof. Nanoroo an.

Papa hat Bauchschmerzen und spricht von Enzymen.

Kannst du mir sagen, was Enzyme sind?

Oh! Enzyme sind lebensnotwendig!

ENZYME

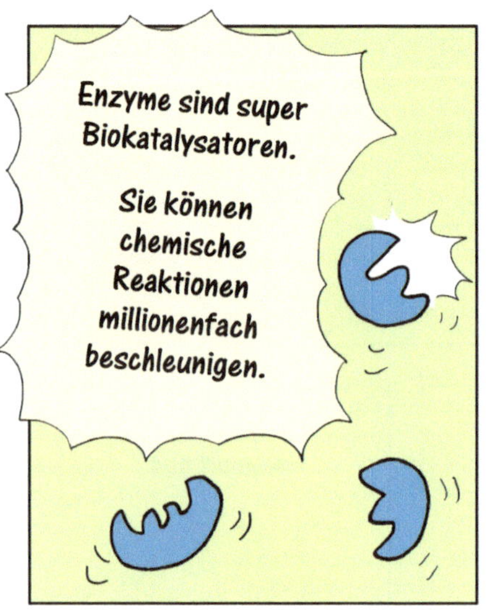

Enzyme sind super Biokatalysatoren.

Sie können chemische Reaktionen millionenfach beschleunigen.

Du weißt doch, dass chemische Reaktionen in deinem Körper stattfinden...

...und in jedem anderen lebenden Organismus.

Chemische Reaktionen verbrauchen normalerweise eine Menge Energie.

Enzyme jedoch benötigen wenig Energie.

Ohne sie können Menschen, Tiere, Pflanzen und selbst Mikroben nicht überleben.

Lass uns Hefe als Beispiel nehmen ...

Du erinnerst dich: Hefe kann leicht wenig Sauerstoff und viel Zucker in CO_2, Energie und Alkohol umwandeln.

Wie macht die Hefe das?

Uupps, keine Ahnung!

RÖNTGEN

RÖNTGEN

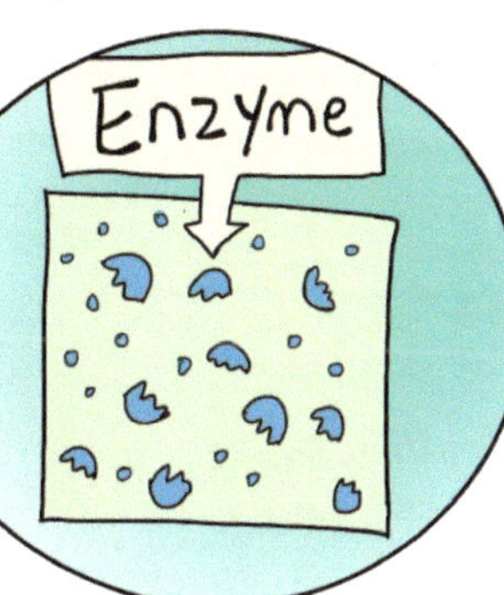

Es gibt eine Million Enzyme in jeder Hefezelle.
Enzyme

Es sind die Enzyme, die Zucker in verschiedene Produkte umwandeln.
Zucker
Enzyme
Ethanol
CO2
Energie

Mit Hilfe meiner Enzyme kann ich Zucker in CO2, Energie und Alkohol in Sekundenschnelle umwandeln.

Ohne sie kann Zucker nicht in Alkohol umgewandelt werden, selbst in 1000 Jahren nicht.
ZUCKER
Umwandeln? Umwandeln?

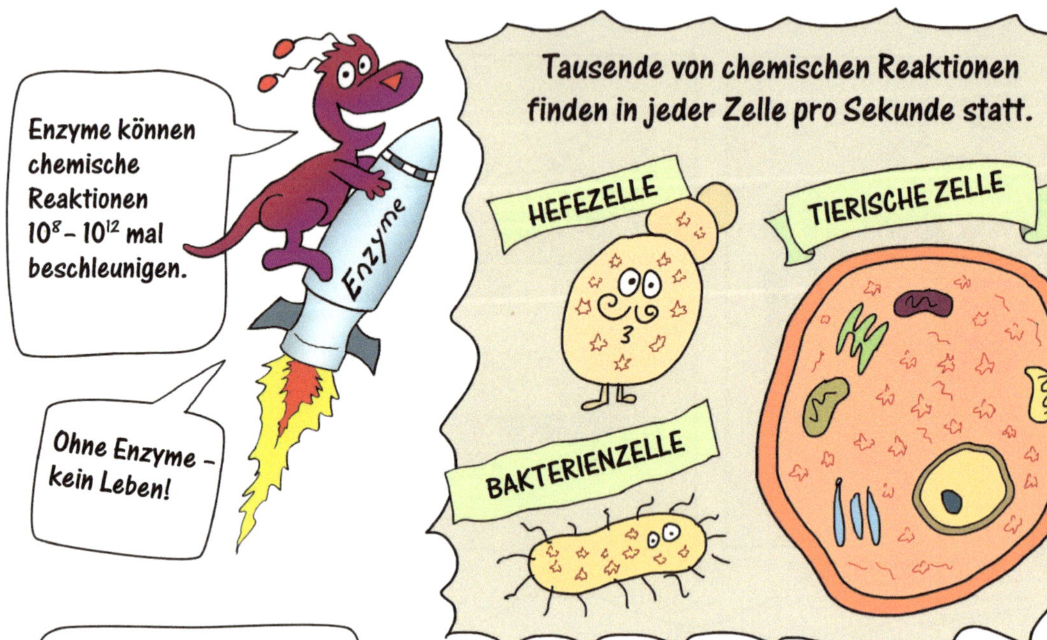

Enzyme können chemische Reaktionen $10^8 - 10^{12}$ mal beschleunigen.
Ohne Enzyme – kein Leben!
Enzyme
Tausende von chemischen Reaktionen finden in jeder Zelle pro Sekunde statt.
HEFEZELLE
TIERISCHE ZELLE
BAKTERIENZELLE

Aber wie arbeiten nun Enzyme?
Ich zeigs dir. Chemische Reaktionen verändern Moleküle, wovon es Millionen verschiedene gibt.

Nimm dieses Enzym zum Beispiel. Es arbeitet mit seinem aktiven Zentrum.
Aktives Zentrum
Jetzt kommt eine Molekülverbindung an.
Dieses Molekül ist das Substrat für das Enzym.
Das Substrat ist seine Nahrung.
ENZYM

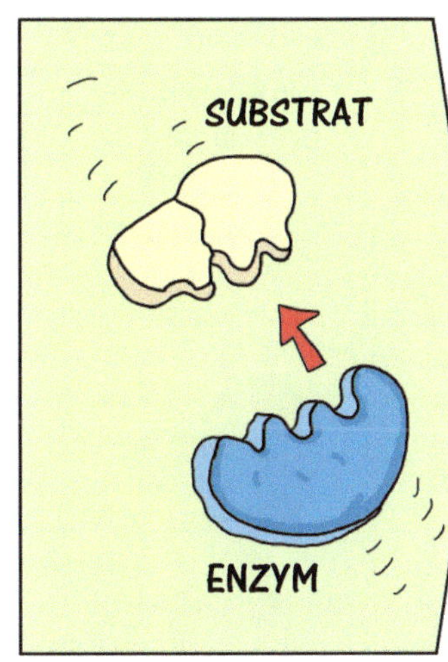

SUBSTRAT
ENZYM

Das Enzym erkennt
das Substrat,
bindet es und
reagiert mit ihm.

Das Enzym bricht
das Substrat leicht
in 2 Produkte auf.

Neben dem Aufbrechen von
Molekülen können Enzyme sie
auch zusammensetzen.

Wie eine Molekül-
Maschine können
Enzyme das immer
wieder tun.

Sie kombinieren
Moleküle,
um neue Produkte
zu bilden.

Wow! Die arbeiten aber gut!
Sind denn Enzyme auch lebende
Organismen wie die Mikroben?

Nein! Enzyme haben
kein Leben.
Sie sind Arten von Proteinen.

Nun fragst Du bestimmt was ein Protein ist
Ein Protein ist eine zusammengesetzte Kette von Aminosäuren.

FALTEN!
FALTEN!
FALTEN!!

Ein kompaktes Protein wird so gebildet.

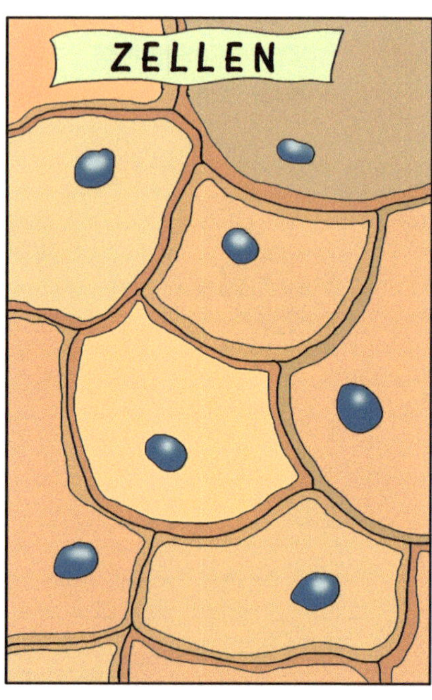

ZELLEN

Zellen produzieren verschiedene Proteine, um spezifische Funktionen auszuführen.
Ist das nicht erstaunlich?

In unserer menschlichen Welt entwickeln wir Roboter, um solche technologischen Aufgaben zu lösen.

Und Enzyme sind wie biologische Roboter, die von unseren Zellen entwickelt wurden, um all diese chemischen Arbeiten zu erledigem.

Sehr klug, Prinzessin, lass sie uns als Bio-Nano-Roboter betrachten.

Sie müssen spezifische Aufgaben übernehmen, blitzschnell, stark und zuverlässig.

Mein Papa erwähnte Verdauungsenzyme. Welche Enzyme könnten ihm helfen?
Menschliche Zellen produzieren verschiedene Arten von Enzymen, die bei der Verdauung helfen.

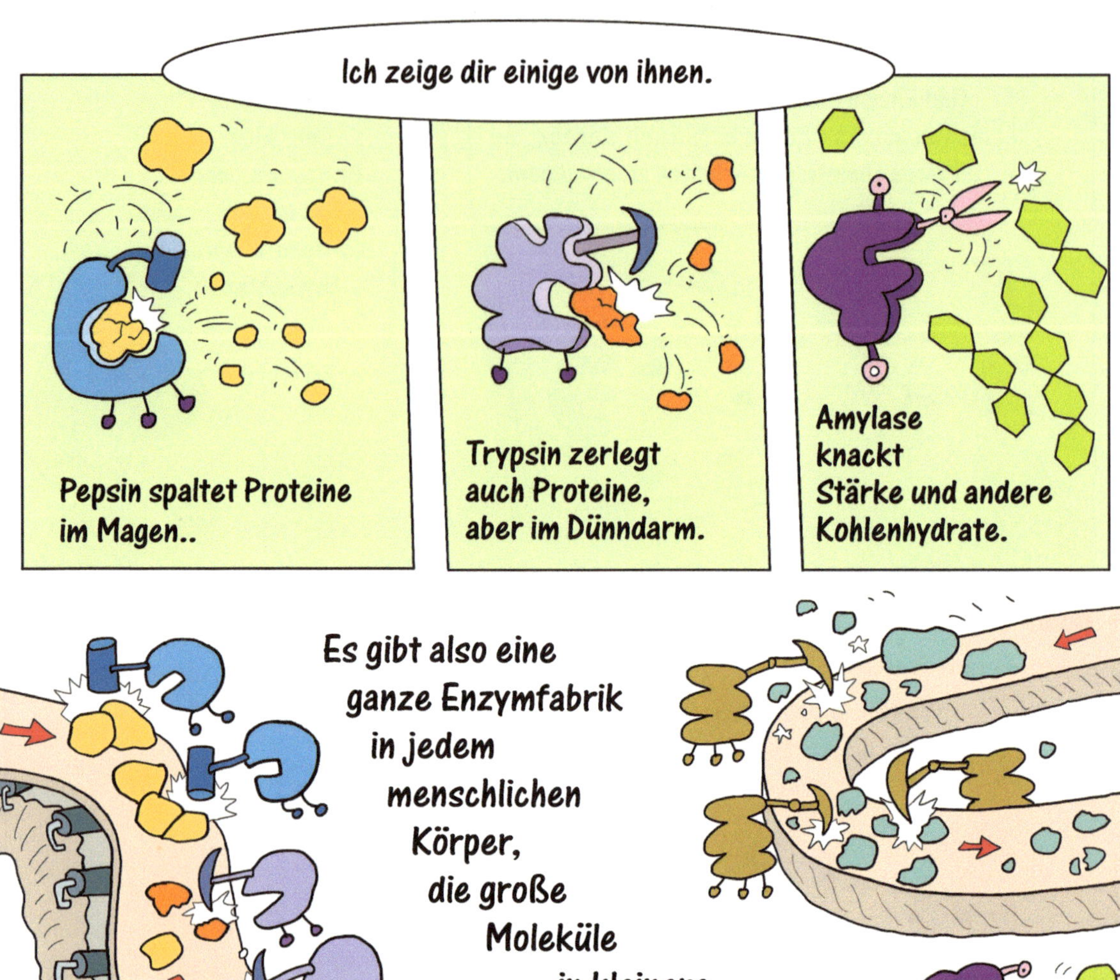

Ich zeige dir einige von ihnen.

Pepsin spaltet Proteine im Magen..

Trypsin zerlegt auch Proteine, aber im Dünndarm.

Amylase knackt Stärke und andere Kohlenhydrate.

Es gibt also eine ganze Enzymfabrik in jedem menschlichen Körper, die große Moleküle in kleinere aufspaltet.

Der König erwähnte Papaya, die bei der Verdauung helfen soll. Sie enthält das Enzym Papain.

Papaya kann auch als „Fleischzartmacher" genutzt werden. Die Enzyme bauen dabei zähes Bindegewebe im Fleisch ab.

Die Enzyme der Papaya werden Papain genannt und nicht Mamain, haha!

Auch die Ananas enthält ein ähnliches Enzym, das Bromelin genannt wird.

Der König hat Enzymtabletten eingenommen. Es geht ihm jetzt gut. Du brauchst dich nicht mehr zu sorgen.

Wenn Papaya Proteine spalten kann, können wir dann Papayasaft als Flüssigwaschmittel nutzen, um jegliche Art von Proteinschmutz an unserer Kleidung herauszuwaschen?

Oh, nein! Das würde ein Chaos in der Waschmaschine verursachen.

Prinzessin, aber du hast schon recht. Die Menschen nutzen tatsächlich Enzyme zum Waschen.
Schweiß- oder Essensflecke enthalten Proteine...
....die wie Kleber auf dem Stoff wirken.
Leim

Proteine lassen Schmutz fest auf Textilien kleben.
Schmutz
Textilie

Dieser Schmutz ist selbst mit heißem Wasser schwer herauszuwaschen.

Hier helfen Enzyme!

Enzyme im Waschwasser erkennen Proteine und lösen die Proteinketten.
PROTEIN
Nun kann der Schmutz leicht herausgewaschen werden.

Enzyme arbeiten ohne Hitze, somit kann mit kaltem Wasser gewaschen und eine Menge Energie gespart werden.
PROTEIN

Diese Enzyme werden dem Enzym-waschpulver zugesetzt. Davon werden jährlich Zehntausende Tonnen produziert
ENZYME

Prof. Nanoroo, woher bekommen wir die Waschenzyme?

Rate mal Prinzessin Biola.

Die Menschen nutzen Bacillus-Bakterien, um sie herzustellen!
Und wie sind wir zu Waschenzymen geworden?!

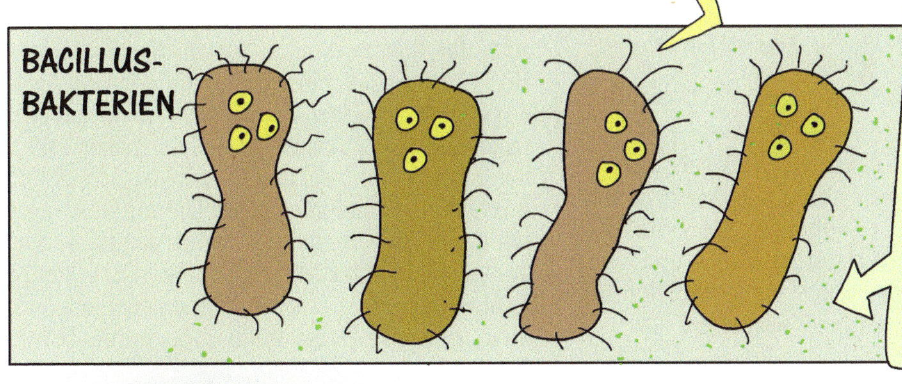

BACILLUS-BAKTERIEN
Bakterien sondern das Enzym Subtilisin ab, das im Waschpulver verwendet wird.

Menschen nutzen Bakterien, um unterschiedlichste Produkte oder Arznei mit Gentechnik herzustellen.
Du wirst später darüber mehr erfahren.

ENZYME Zauberkünstler für Haushalt und Industrie

Enzyme sind Eiweiße. Sie werden auch wissenschaftlich **Proteine** genannt. Eiweiße bestehen aus langen Aminosäure-Ketten und verändern, steuern und regeln fast alle chemischen Reaktionen in lebenden Zellen.

Man vermutet bis zu 10 000 verschiedene Enzyme in der Natur. Von manchen Enzym-Arten sind nur wenige Moleküle in einer Zelle vorhanden, von anderen dagegen 1000 bis 100000.

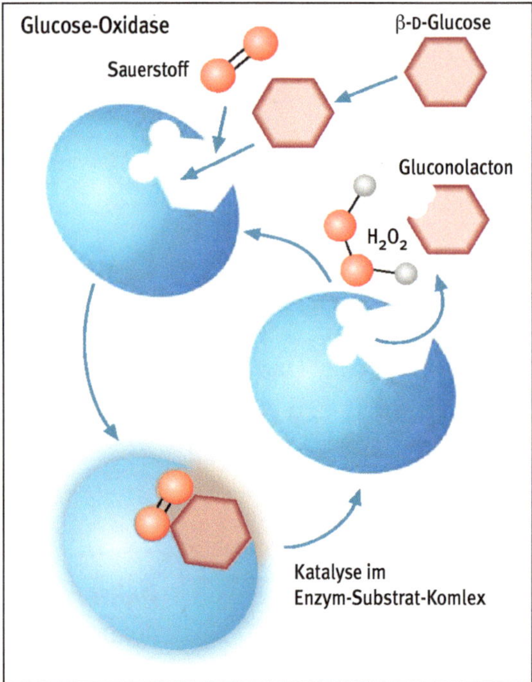

Enzyme wirken als biochemische Katalysatoren, sie sind Biokatalysatoren. Alle Katalysatoren wandeln bekanntlich wie Zauberkünstler Stoffe in Sekundenschnelle in andere Produkte um.

Menschliche Magier selber verändern sich dabei nicht. Sie werden nur jedes Mal etwas älter... und irgendwann gehen sie in den Ruhestand. Genauso ist das mit den Enzymen.

Enzyme werden von der Zelle regeneriert nach ihren Reaktionen (wie der Zauberkünstler nach seinen magischen Vorstellungen) und wirken somit wieder frisch und aktiv.

Enzyme sind superschnell: Die Bildung von Alkohol und Kohlendioxid aus Zucker vollenden die Enzyme in den Hefezellen in nur wenigen Sekunden. Das würde o h n e diese Enzyme immerhin Tausende (!) von Jahren dauern, wäre also praktisch unmöglich.

Deshalb gilt: **Kein (irdisches! Anderes Leben kennen wir n o c h nicht) Leben ohne Enzyme!**

Enzyme sind Platzkünstler wie Houdini: Lebende Zellen sind nun rund ein zehntel Millimeter bis zu einem tausendstel Millimeter (das wäre 1 Nanometer) Durchmesser groß. Auf kleinstem Raum laufen hier in jeder Sekunde Tausende von Enzym-Reaktionen neben- und nacheinander und im Kreisverkehr ab. Alles ist bestens geordnet. Ein wahres Wunder der Evolution!

Wie kann das funktionieren? Nur dann, wenn jedes der beteiligten Enzyme unter Tausenden verschiedener Substanzen in der Zelle „sein eigenes" Substrat und **nur** dieses erkennt.

Ein **Substrat** ist also der Stoff, den ein Enzym ganz spezifisch „erkennt" und dann biochemisch zu „seinem" **Produkt** umsetzt.

Bereits 1894 postulierte der deutsche Chemiker und spätere Nobelpreisträger Emil Fischer (1852-1919): Enzyme erkennen „ihre" jeweiligen Substrate durch „Probieren" nach dem **Prinzip von Schlüssel und Schloss.**

Das **Enzym** ist dabei das Eiweiß-Schloss, das Substrat der Schlüssel. Eine Vertiefung (Spalte oder Höhle, also das Schlüsselloch) auf der Oberfläche des Enzyms ist dabei so geformt, dass die Substratmoleküle exakt räumlich darin hinein passen. Wenn der Substrat-Schlüssel aber zu groß ist, schließt das Enzym-Schloss natürlich nicht. Die aus Glucoseketten bestehende langkettige Stärke passt z.B. nicht in die Glucose Oxidase (GOD). Wenn der Schlüsel dagegen zu klein ist, schließt das Schloss auch nicht. Spezielle Hemmstoffe (z.B. Antibiotika wie das Penicillin) blockieren nun Enzyme wie ein schlechter Dietrich oder ein verbogener Schlüssel, der dann im Schloss stecken bleibt.

Fischers mechanischer Vergleich von Schlüssel und Schloss hinkt aber etwas wie jeder Vergleich.

Ein mechanischer Schlüssel sollte sich natürlich nicht (wie ein Substrat) beim Rumdrehen im

Schloss verändern, die Substrate aber werden zu Produkten.

Ein einfaches biochemisches Experiment: Solche Enzyme wie die Glucose Oxidase (GOD) müssen für die fein abgestimmten Mechanismen in der Zelle präzise wie Sicherheitsschlösser funktionieren.

Nur Glucose passt exakt. Maltose (Malzzucker) und Stärke sind beide zu groß, Fructose (Fruchtzucker) ist zu klein und wirkt wie ein verbogener Schlüssel.

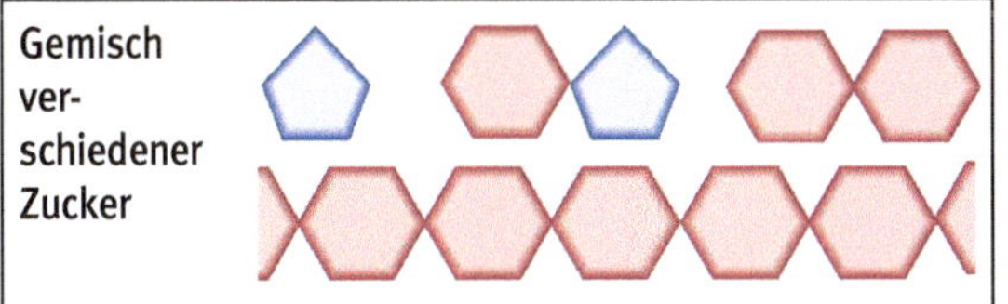

Andere Enzyme sind dagegen wie grobe Kasten-Schlösser. Eiweiß spaltende Enzyme (Proteasen) wirken meist außerhalb der Zelle, z.B. in unserem Magen. Es wäre aber absolute Verschwendung für den Körper, für jedes spezielle, im Magen abzubauende und zu verdauende Eiweiß ein ganz spezielles Enzym zu bilden.

Ein Magen-Enzym wie Trypsin muss deshalb a l l e Proteine im Magen in kleinere Bruchstücke spalten können, die dann als Nährstoffe vom Körper verwertet werden.

Spinnen haben übrigens eine Außenverdauung.

Sie spritzen ihren Opfern eiweißabbauende Proteasen mit ihrem Biss und Speichel in den zappelnden Insektenkörper.

Diese Spinnen-Proteasen lösen den gesamten Inhalt innerhalb der Chitinhülle auf. Die Spinne saugt dann z.B. am Fliegenbein wie mit einem Strohhalm den nahrhaften frischgepressten „Insektensaft" auf. Es bleibt eine gruselige leere Hülle übrig. Guten Appetit!

Mikroben haben ebenfalls eine Außenverdauung. Auch sie müssen Eiweiße in handliche Essportionen zerkleinern. Die Protease Subtilisin wird dazu vom Bakterium *Bacillus subtilis* in das umgebende Medium abgegeben. Das Enzym zerlegt dort Proteine in „mundgerechte" Stücke und ist deshalb ein idealer „Allesfresser".

Subtilisin ist also bestens geeignet für technische Anwendungen. Wo? In Enzymwaschmitteln!

ENZYMWASCHMITTEL

Jeder, der mal Kinder aufgezogen hat, weiß: Eiweißhaltige Flecken (Milch, Eigelb, Blut oder Kakao) sind nur schwer zu entfernen.

Proteinverschmutzungen sind nämlich in Wasser nur sehr schwer löslich. Bei hohen Temperaturen, also beim Kochen der Wäsche, gerinnt aber das Eiweiß auf

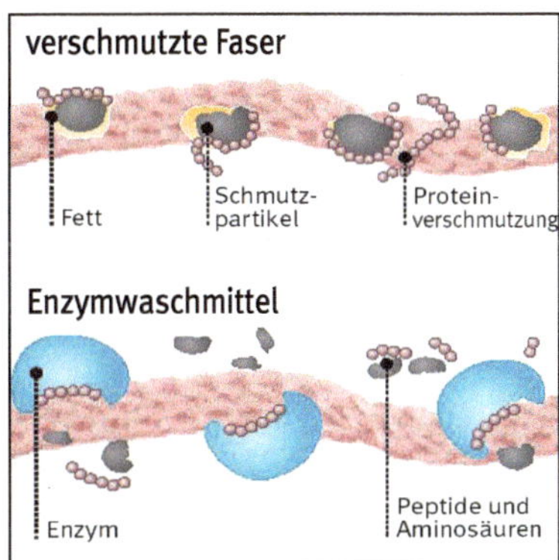

den Gewebefasern. Es sitzt dadurch nur noch fester. Sehr ärgerlich!

Wäscheschmutz setzt sich aus Staub, Ruß und aus bioorganischen Stoffen wie Fetten, Eiweißen und Kohlenhydraten zusammen. Besonders an Bett- und Leibwäsche haftet aber Schmutz. Fette und Proteine wirken dabei wie ein „Klebstoff" für den Schmutz.

Beim Waschprozess lösen oberflächenaktive Stoffe (Seifen, auch Detergenzien genannt) den Schmutz vom Textilgewebe ab und verteilen ihn ganz fein. 10 Millionen Tonnen Detergenzien werden weltweit jährlich produziert. Der Proteinklebstoff bleibt jedoch an den Fasern haften.

Das änderte sich erst, als 1960 in Bakterien, speziell *Bacillus*-Arten, das bereits erwähnte Enzym Subtilisin gefunden wurde.

Heute sind **Enzymwaschmittel** weit verbreitet. Vom Subtilisin werden etwa 200 mg pro Kilo dem Waschpulver zugesetzt. Sie lösen gezielt die Eiweiß-Verschmutzungen aus dem Gewebe und waschen so tatsächlich „porentief rein". Enzymwaschmittel wurden ab Mitte der 60er-Jahre in den USA, Westeuropa und Japan in größerem Umfang verkauft.

Mit zunehmendem Öko-Bewusstsein wurde eine Eigenschaft der Enzymwaschmittel in den letzten Jahren ganz wichtig: Enzyme arbeiten nämlich bei 30 bis 60°C optimal. Und so wird mit den Enzym-Waschmitteln der maximale Wascheffekt ebenfalls nicht erst durch Kochen erreicht.

Dadurch wird wertvolle Energie eingespart.

Die wundersame Protein-Produktion

Ich habe meinen Studenten gefunden.

Deinen frechen Studenten – PicoLeo?

Erzähl mir doch, was ist passiert?

Ich habe gerade fleißig in meinem Labor geforscht, als der Raumschiff-Detektor den Aufenthaltsort meines Studenten anzeigte.

Nanoroos Raumschiff

Ich habe sofort den Nano-Jet genommen, um nach PicoLeo zu suchen.

Ummmm ...

Ich erkenne
etwas ...

Oh, nein, ich höre den
Nano-Jet vom Professor,
auweia!

Schnell,
weg !!!

Stop !!!

Du bist ohne
Erlaubnis zur
Erde geflogen !

Entschuldigung
Herr Professor, ich bin hier
nur zu Studienzwecken.

Und was genau hast du hier zu studieren?
Ich versuche, mehr über Proteine zu erfahren.

Eiweiße oder Proteine der Erdbewohner sind die Hauptbestandteile für das Leben auf dem Planeten Erde.

Proteine schaffen Zellen.
Proteine erfüllen verschiedenste Funktionen im Körper.

Enzyme sind auch Proteine.

Auch Antikörper zur Virenabwehr sind Proteinarten.

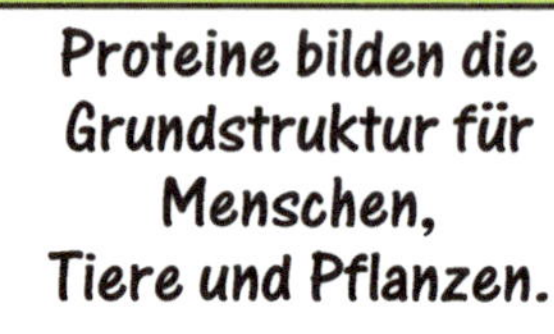
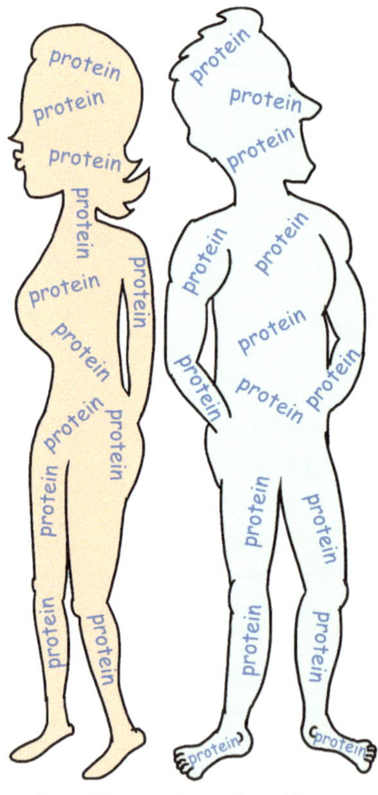

Proteine bilden die Grundstruktur für Menschen, Tiere und Pflanzen.
protein
Der Mensch, seine Haut, Haare, Muskeln, Organe, Nägel ... besteht aus Proteinen.

Spinnen vertilgen Insekten mit ihren Speichel-Proteinen.

Schlangengift besteht aus Proteinen.

Aber woraus bestehen nun Proteine?

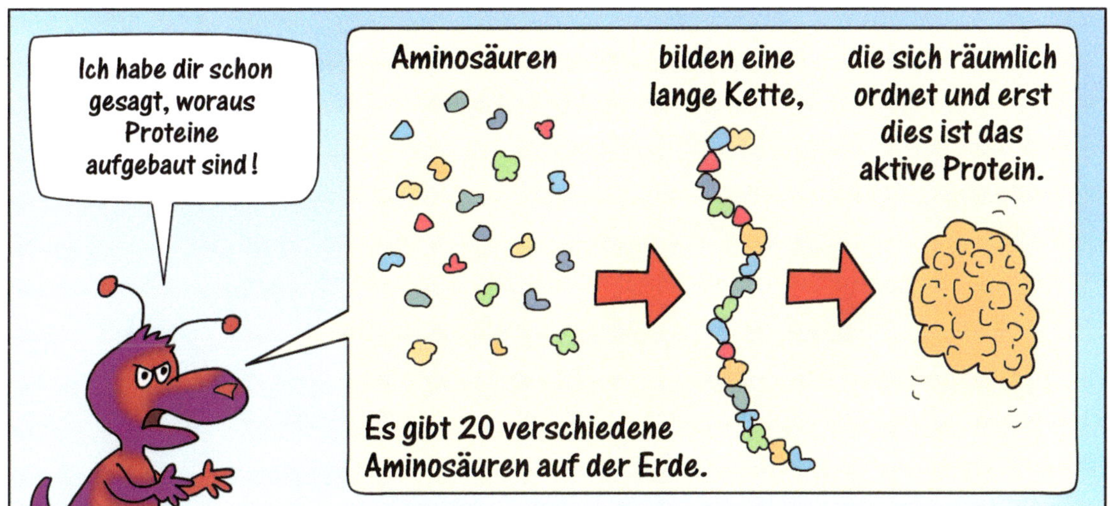

Ich habe dir schon gesagt, woraus Proteine aufgebaut sind!
Aminosäuren
bilden eine lange Kette,
die sich räumlich ordnet und erst dies ist das aktive Protein.
Es gibt 20 verschiedene Aminosäuren auf der Erde.

Und wer veranlasst diese Bildung?
Wie werden Proteine produziert?

Sie haben uns beigebracht, dass die DNA die Befehle zur Proteinsynthese gibt.

Aber hat die DNA denn Hände und macht die Proteine selbst?

Wie befiehlt die DNA das?
So eine schwierige Geschichte!

Ich weiß, dass menschliche Zellen einen Kern haben, in dem die DNA geschützt verwahrt wird. Werfen wir doch einen Blick hinein ...

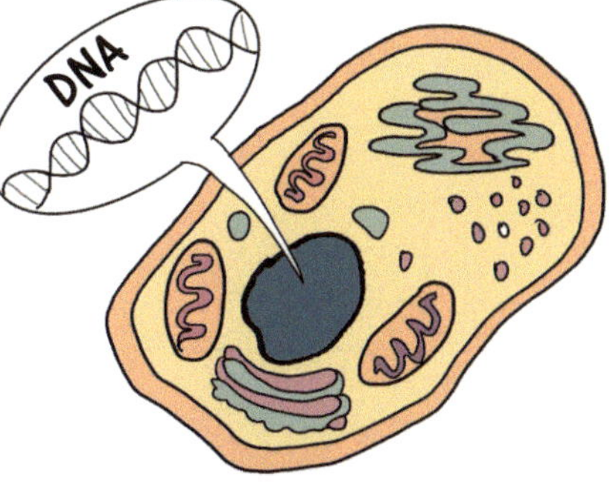

DNA

Es gibt verschiedene Zelltypen im menschlichen Körper.
Außer den roten Blutkörperchen haben alle menschlichen Zellen einen Zellkern und dieser enthält die vollständige DNA.

PicoLeo dringt durch die Zellwand in eine Zelle ein.
*Die Zellmembran ist die äußere Schicht, die alle Zellen umgibt. Sie besteht aus Lipiden.
Membran*
Zelle
Wow, Professor, welch erstaunliche Welt muss das in einer Zelle sein!
Warte!

PiciLeo dringt durch die Zellwand in die Zelle ein. Alles hier drin ist ausgeprägt wie in einer Suppe und bewegt sich.

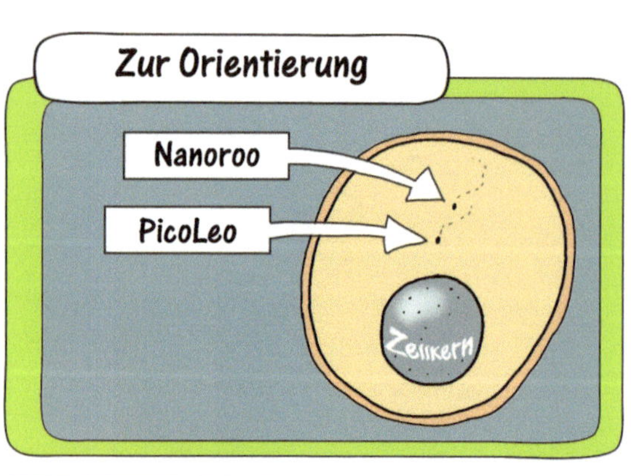

Zur Orientierung
Nanoroo
PicoLeo
Zellkern

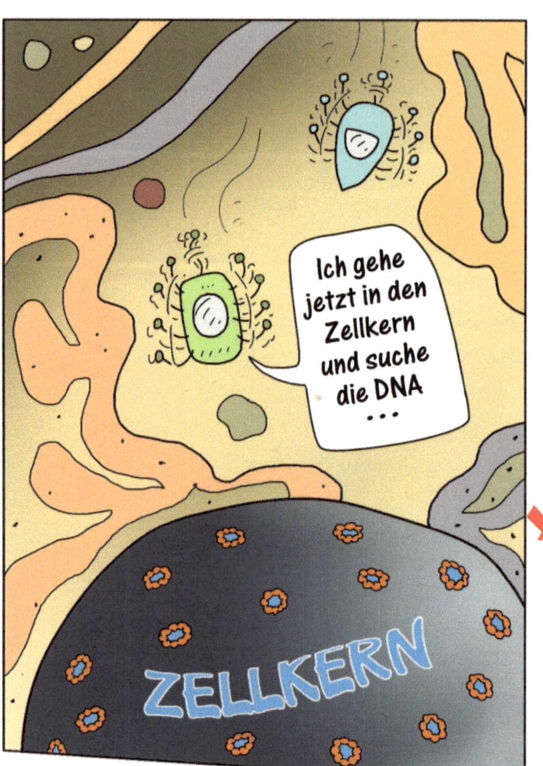

Ich gehe jetzt in den Zellkern und suche die DNA ...
ZELLKERN

Der Zellkern hat kleine Poren. Ich versuche hineinzukriechen.

Fast hätte ich dich erwischt.
ZELLKERN

IM ZELLKERN
Ahhhh ...
eine völlig andere Welt ...
toll !

Die DNA ist ja irre lang!

Aber klettere nicht an ihr hoch!
Die Erbinformationen sind im DNA-Körper codiert. Vorsicht!
Die DNA ist wie eine gedrehte Leiter.

Die DNA spricht nicht? Wie gibt sie dann die Informationen weiter?

Klettere nicht hinauf!!!

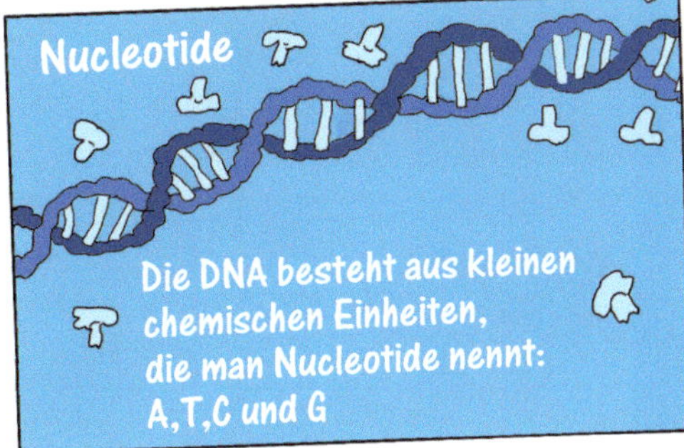

Nucleotide
Die DNA besteht aus kleinen chemischen Einheiten, die man Nucleotide nennt: A, T, C und G

DNA ist wie eine lange spiralförmige Leiter. Jede Sprosse enthält ein Basenpaar der Nucleotide.

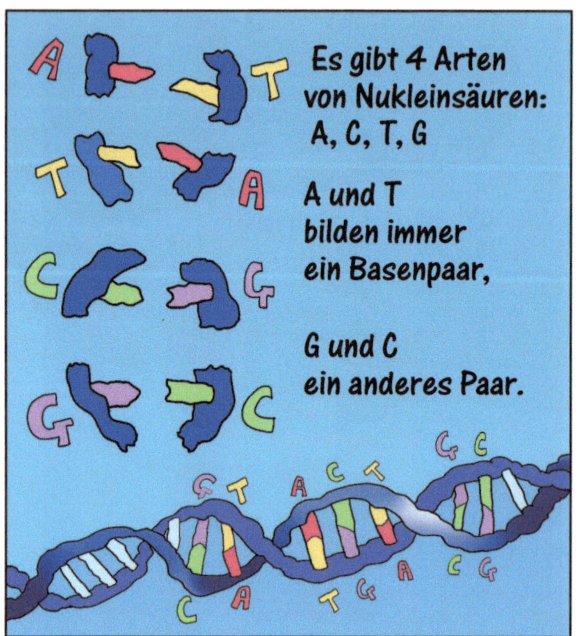

A
T
T
A
C
G
G
C
Es gibt 4 Arten von Nukleinsäuren: A, C, T, G
A und T bilden immer ein Basenpaar,
G und C ein anderes Paar.

Dann enthält jede Sprosse 2 Basen?
Somit ist die gesamte DNA eine Aneinanderreihung dieser beiden Paare von Nucleinsäuren.
Also, das ist der Code?

Wie ist die Information in den Sprossen der Leiter versteckt?

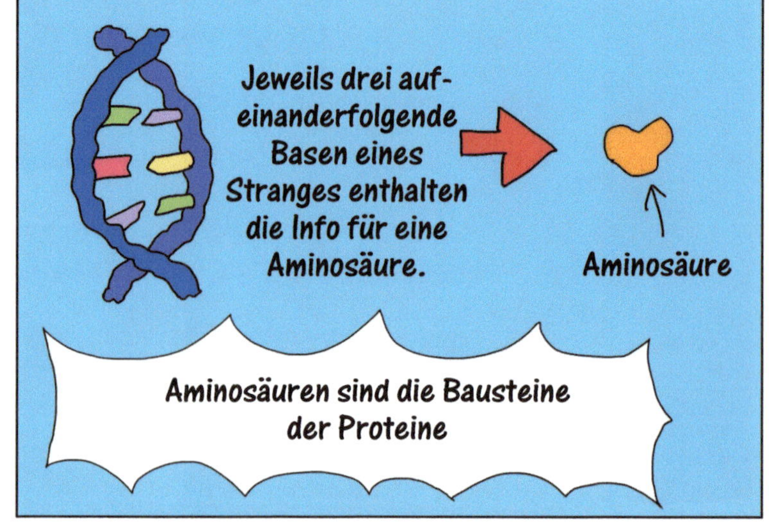

Jeweils drei aufeinanderfolgende Basen eines Stranges enthalten die Info für eine Aminosäure.
Aminosäure
Aminosäuren sind die Bausteine der Proteine

Drei Basen sind ein Triplett. Oh, dieser DNA-Strang codiert ja viele Aminosäuren.

Diese Codes sind wichtig für die Proteinproduktion.
Mach sie nicht kaputt! Nicht eine einzige Sprosse, sonst kann das Protein nicht korrekt hergestellt werden!

Professor, was ist das hier?

Es bewegt sich sehr schnell!

Du siehst gerade den ersten Schritt der Proteinproduktion.

Was ist das? Hier taucht ein Strang auf, wie ein langer Schwanz am Ende.

Du reitest auf einem Enzymkomplex, der funktioniert wie ein Kopierer.
Teile der DNA werden kopiert.

Wenn du genau hinschaust, ist das der Enzymkomplex, der den DNA-Strang entspiralisiert.

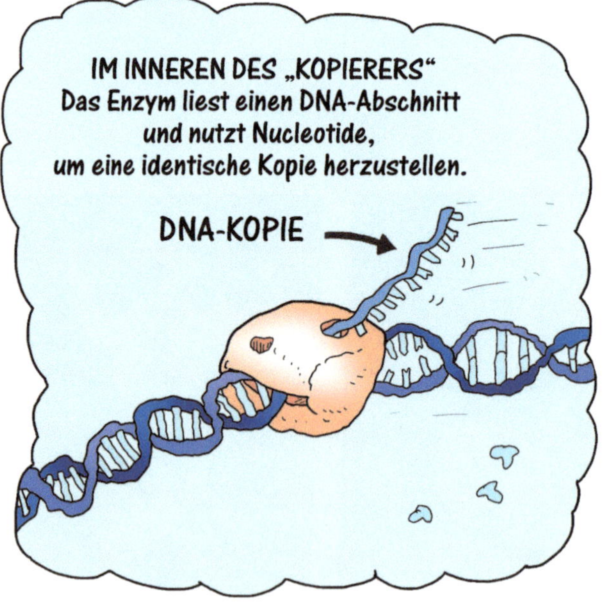

IM INNEREN DES „KOPIERERS"
Das Enzym liest einen DNA-Abschnitt und nutzt Nucleotide, um eine identische Kopie herzustellen.
DNA-KOPIE

Diese Kopie nennt man mRNA.
Abgelesene DNA

Die mRNA schwimmt zu einer Öfnnung hin und verlässt den Zellkern.
„m" heißt Messenger, Bote; die mRNA weiß, wohin sie gehen muss.
Die Kopierenzyme wissen, wo sie beginnen und aufhören müssen, irre!

Zur Orientierung

Zellkern
RNA verlässt den Zellkern, verbleibt jedoch in der Zelle.
Nanoroo und PicoLeo folgen ihr.

!
Schau!

Ribosom

Ribosom
Im Zellinneren kommen zwei Teile zusammen und bilden eine kleine Fabrik - ein Ribosom.

Viele Aminosäuren schwimmen in der Zelle umher.
Was ist das? Da werden ja Aminosäuren umhergetragen!

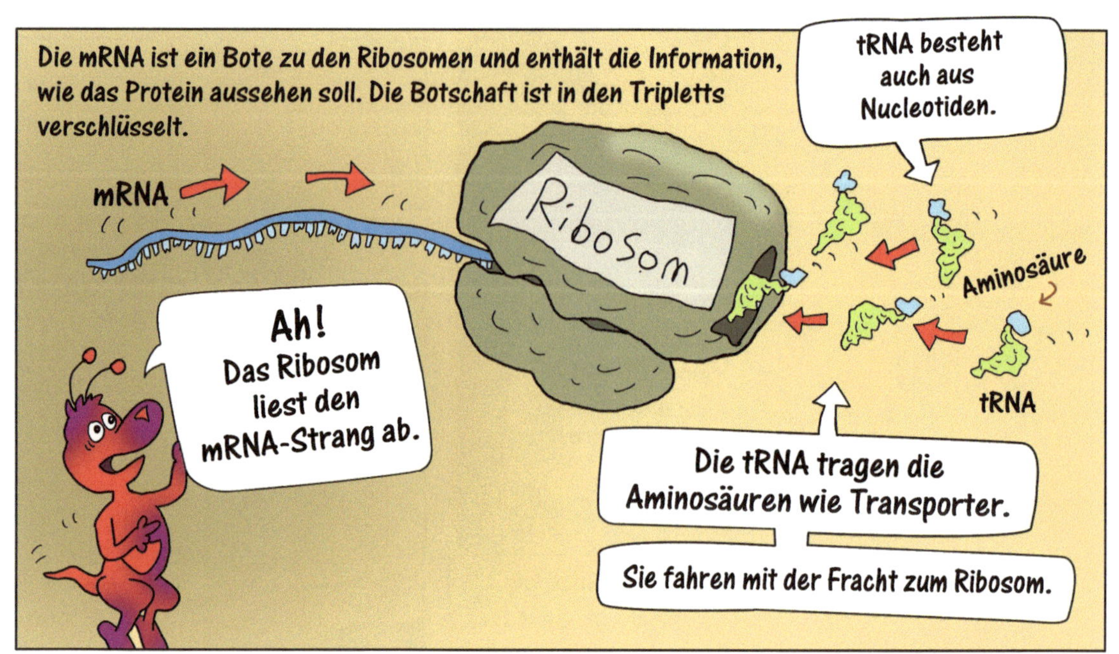

Die mRNA ist ein Bote zu den Ribosomen und enthält die Information, wie das Protein aussehen soll. Die Botschaft ist in den Tripletts verschlüsselt.
mRNA
Ribosom
tRNA besteht auch aus Nucleotiden.
Aminosäure
tRNA
Ah!
Das Ribosom liest den mRNA-Strang ab.
Die tRNA tragen die Aminosäuren wie Transporter.
Sie fahren mit der Fracht zum Ribosom.

Im Inneren des Ribosoms werden die Proteine gebildet.
Aminosäure
Transporter
ACC
AUU
AAGUGGUAA
Lesen
Die tRNA findet mit einer Codierung aus Tripletts die Andockstellen an der mRNA.
Diese Aminosäuren werden dann zu einer Kette verbunden.
Aminosäuren-kette
Ribosom

Sobald das Ribosom die mRNA abgelesen hat, ist ein langer Strang von Aminosäuren gebildet.

Er verlässt die Protein-fabrik.

Jetzt hab ich dich!

Nein, ich habe die Proteinbildung noch nicht zu Ende gesehen.

Du bleibst jetzt hier. Ich erzähle dir, was jetzt passiert.

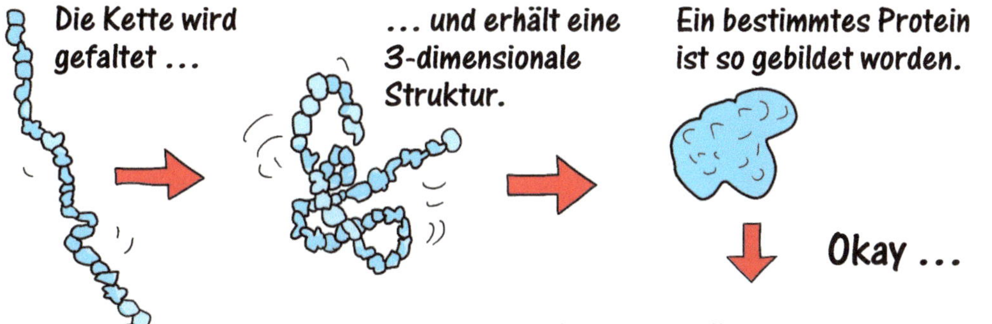

Die Kette wird gefaltet ...
... und erhält eine 3-dimensionale Struktur.
Ein bestimmtes Protein ist so gebildet worden.
Okay ...
Protein, erfüll deine Aufgaben!

Es kann nun innerhalb oder außerhalb der Zelle funktionieren.
Die Zelle verfügt über einen Kontrolleur, der ein fehlerhaftes Protein erkennt und es aussondert. QUALITÄT!
GUTE ARBEIT !
Falsch gefaltet.
Nicht okay!
Abbau !!!
Abbau bedeutet Wiederaufspaltung in Aminosäuren und Wiederverwendung.

Egal wie die Menschen sich selbst fühlen, ob sie nun ...

Ich denke, jeder Mensch sollte auf sich aufpassen und stets an seine Zellen denken.

Gut! Ganz schön philosophisch, PicoLeo!
Aber jetzt folge mir endlich nach Hause!

Professor, ich muss aber hier noch jemandem helfen.

Vor einigen Tagen bin ich mit meinen Raumschiff „zufällig" in einem menschlichen Körper gelandet und ich habe bemerkt...

Oh, diese Zelle sendet Stresssignale!

Liebe Zellen! Ich finde die richtigen Proteine, um euch allen zu helfen!

Ich muss doch mein Versprechen halten, dass ich helfe.
Du hast wohl immer eine gute Ausrede.

PROTEINE

Proteine oder Eiweiße sind aus **Aminosäure-Bausteinen** aufgebaut.

Sie finden sich in allen Zellen und verleihen ihnen nicht nur **Struktur**, sondern sind auch **Nano-Maschinen**, die transportieren, pumpen, biokatalysieren (Enzyme) und Signalstoffe erkennen.

Beim Menschen gibt es **20 verschiedene Aminosäuren**. Auf 8 Aminosäuren ist der menschliche Organismus besonders angewiesen (**essenzielle Aminosäuren**): Der Körper kann sie nicht selbst herstellen kann, sondern muss sie mit der Nahrung aufnehmen.

Die Aminosäure-Ketten der Proteine können eine Länge von bis zu mehreren tausend Aminosäuren haben.

Der Aufbau der Eiweiße ist in allen Lebewesen in der **Desoxyribonucleinsäure** (**DNA**) codiert.

Die **Ribosomen**, die „Protein-Produktionsmaschinen der Zelle", verwenden diese Information, um aus einzelnen Aminosäuren ein Proteinmolekül zusammenzubauen. Dabei werden die Aminosäuren in einer ganz bestimmten, von der DNA vorgegebenen, Reihenfolge verknüpft.

Die mRNA transportiert die Information von der DNA zu den Ribosomen.

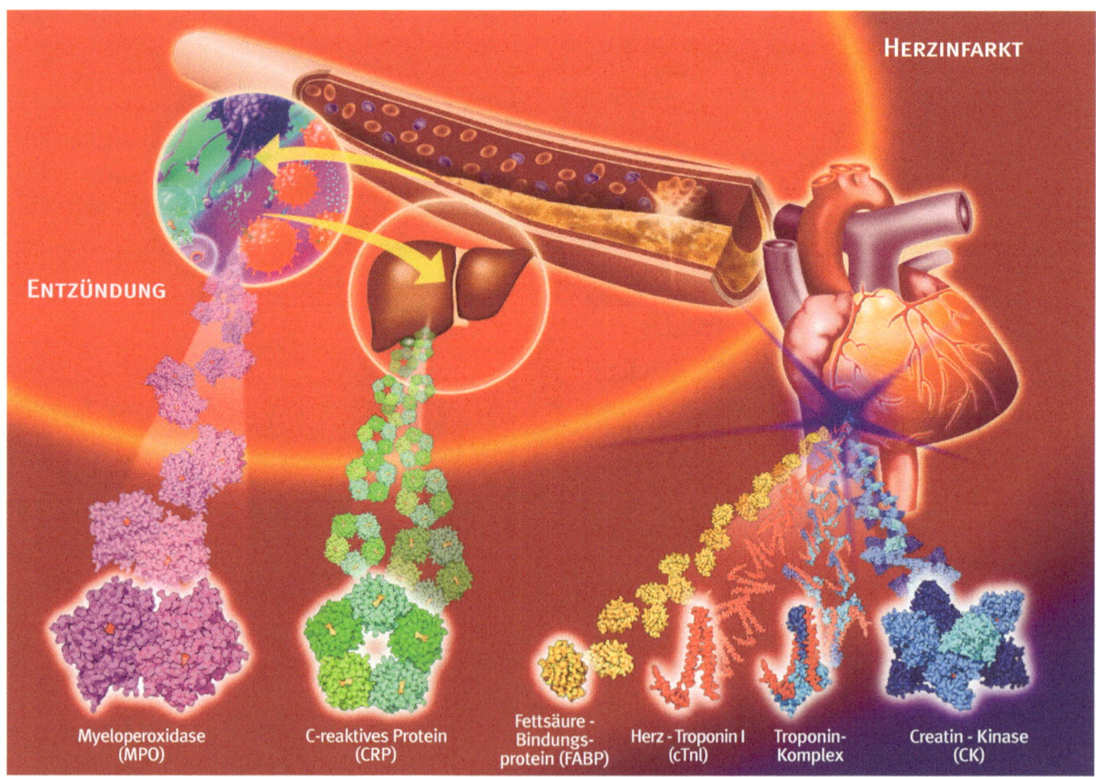

Vor einem Herzinfarkt liegt eine Entzündung der Blutgefäße. Dabei wird das Protein MPO in das Blut abgegeben. Es dient als Hinweis. Ein weiteres Protein ist das CRP, das ganz allgemein das Risiko eines Infarktes zeigt. Wenn die Aorta dann von einem Blutpfropfen verschlossen ist, sterben Herzzellen ab. Sie setzen zuerst kleine FABP und dann immer größere Proteine frei. Sie können mit Immuntests gut nachgewiesen werden.

Funktionen von Proteinen im Organismus

- **Enzyme** haben Biokatalyse-Funktionen, d.h., sie ermöglichen und kontrollieren sehr spezifische biochemische Reaktionen in Lebewesen.

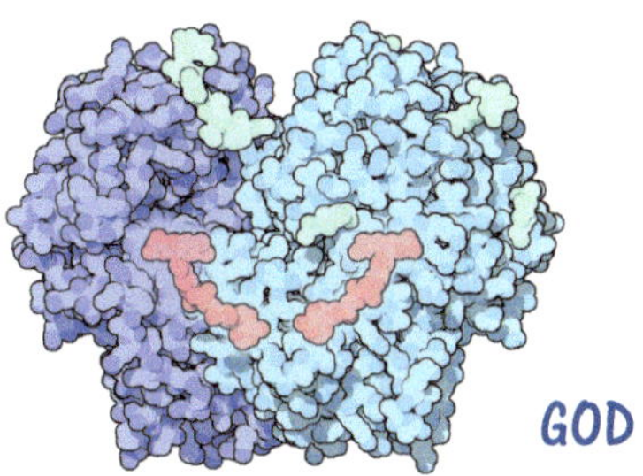

- Das Transportprotein übernimmt den Transport. **Hämoglobin** ist im Blut für den Sauerstofftransport zuständig

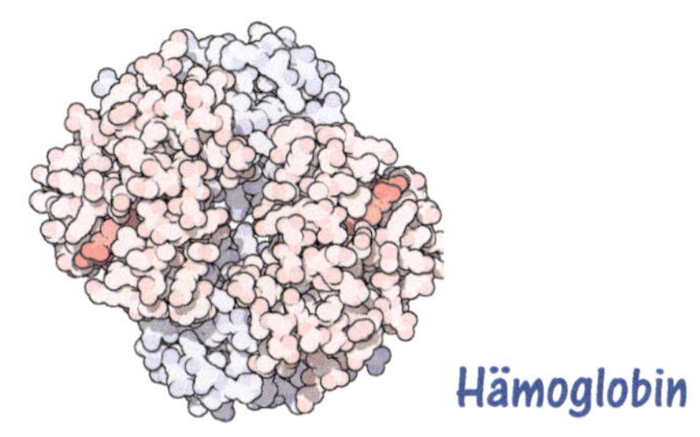

- Manche (meist kleinere Proteine) steuern als Hormone Vorgänge im Körper.

Wachstumshormon

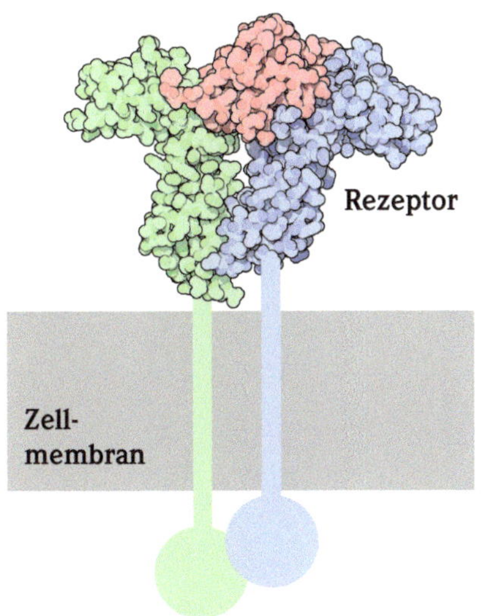

- **Proteine** schützen und verteidigen den Körper gegen Mikroorganismen und Viren.

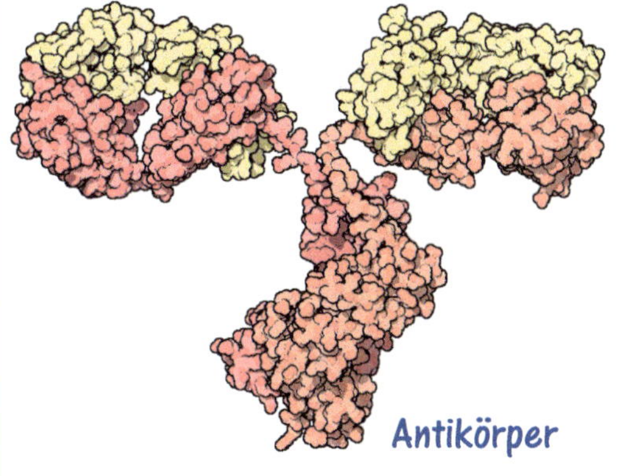

- **Toxine** von Schlangen lähmen Beutetiere.

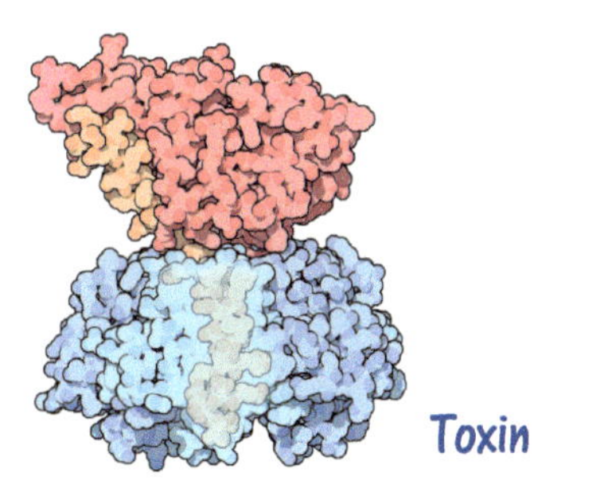

- Leuchtende Proteine gibt es in Quallen und Glühwürmchen.

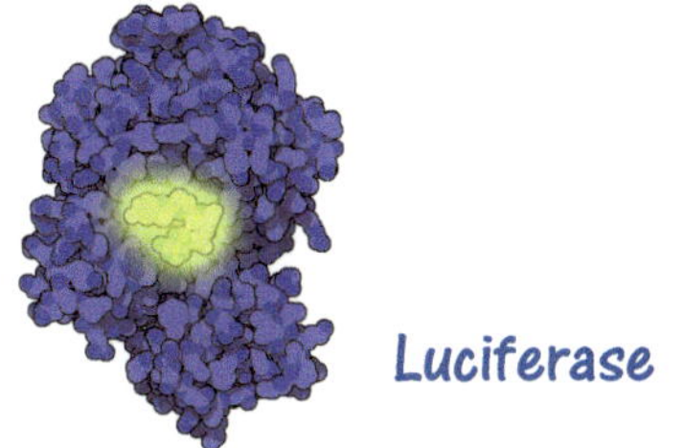

Gen-Technik für Menschen

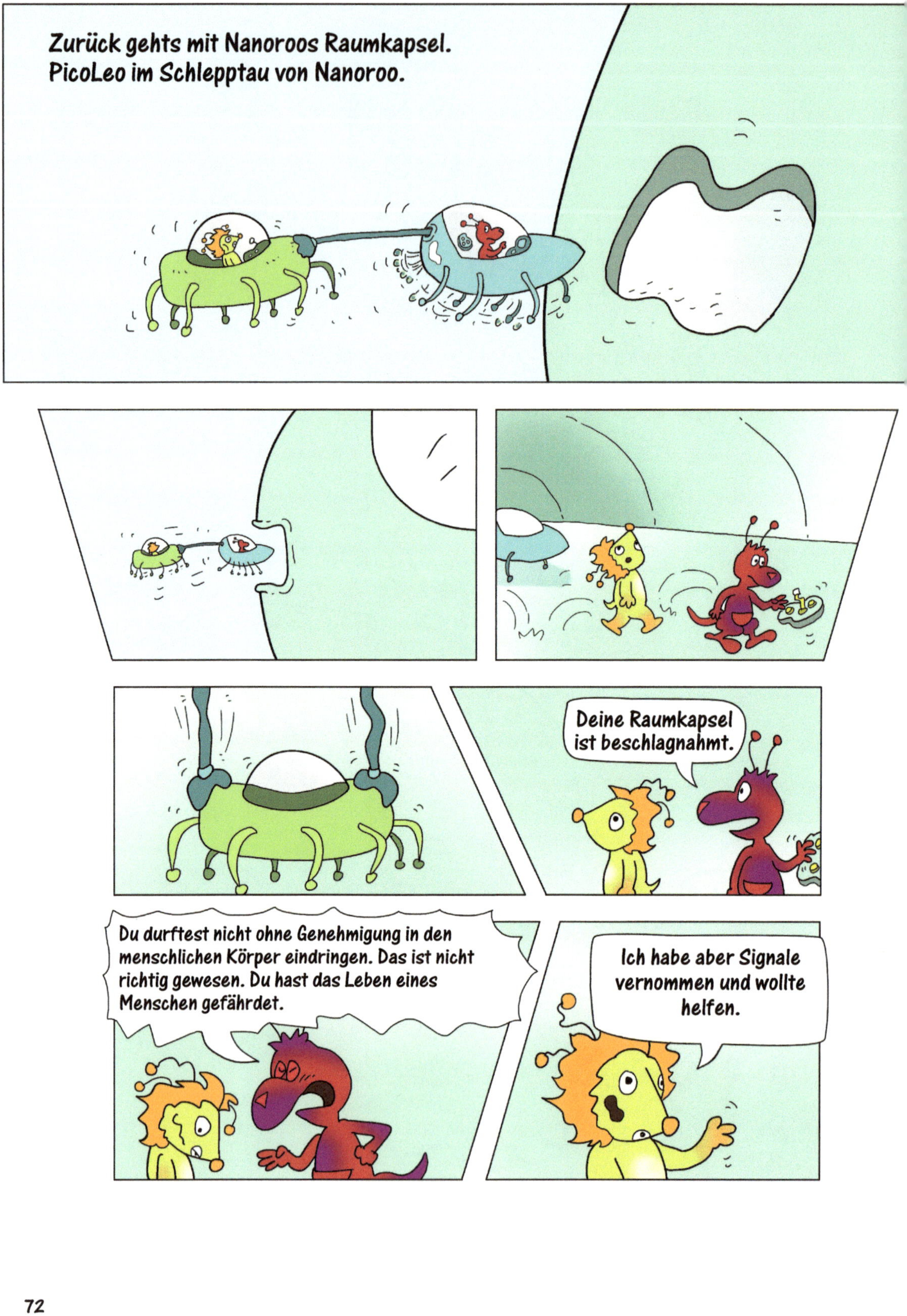

Zurück gehts mit Nanoroos Raumkapsel.
PicoLeo im Schlepptau von Nanoroo.

PicoLeos Raumschiff
Deine Raumkapsel ist mit einem Raumschiff-Rekorder verbunden.
Ich lade jetzt deine Daten herunter und prüfe, was du gesehen und getan hast.

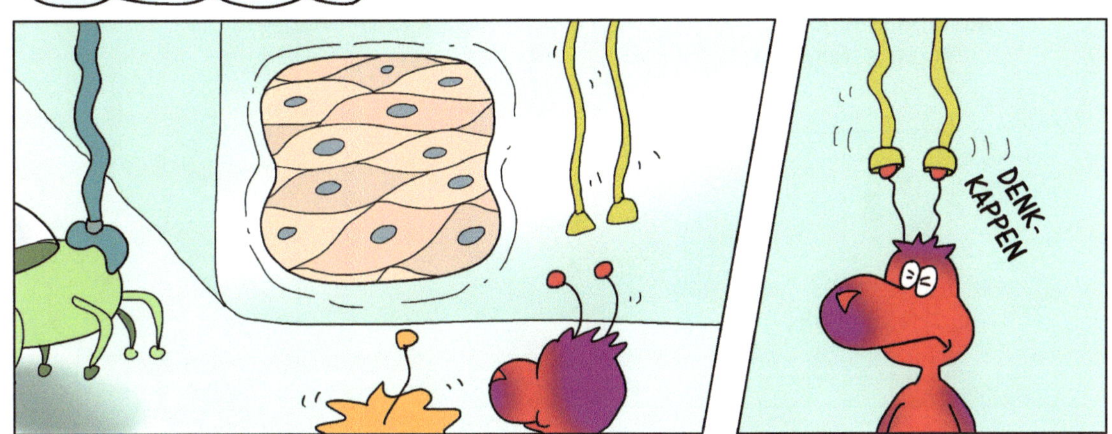

DENK-KAPPEN

Ich kenne jetzt den Grund für die Notsignale.

Dieser Mensch leidet an Diabetes, der Zuckerkrankheit!

Hilfe!!
...die Zellen leiden furchtbar!

Und wie können wir da helfen?

Vielleicht weiß die Person noch gar nicht, dass sie Diabetes hat.

Ich sende eine Nachricht an die Prinzessin.
Sie wird dann weiterleiten, dass die Person medizinische Hilfe braucht.

Übrigens hat die Prinzessin dir einen menschlichen Namen gegeben.
Sie nennt dich PicoLeo.
Oh!

Oh, PicoLeo, der Name gefällt mir sehr!

Mich nennt sie Nanoroo.
ha ha !

Ah, eine Frage ...

Was ist Diabetes?
Diabetes ist eine Krankheit, bei der der Körper zu wenig Insulin hat oder das Insulin nicht richtig verwerten kann.
Deshalb ist der Blutzuckerspiegel zu hoch.

Zucker und Insulin

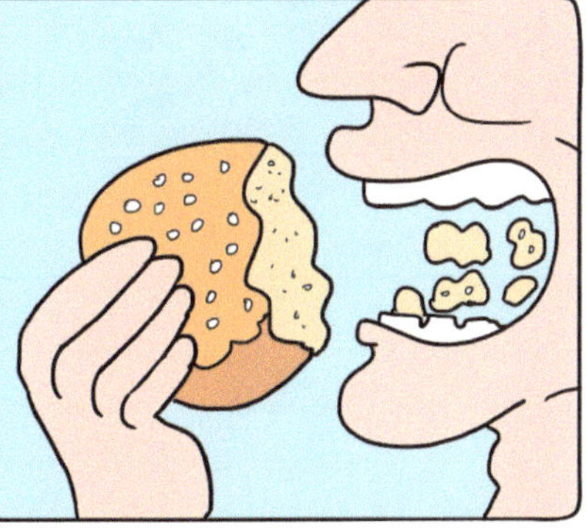

Lass es mich erklären: die Energiequellen des Menschen sind seine Nahrungsmittel. Wie Brot, Reis oder andere Kohlenhydrate, die Stärke enthalten.

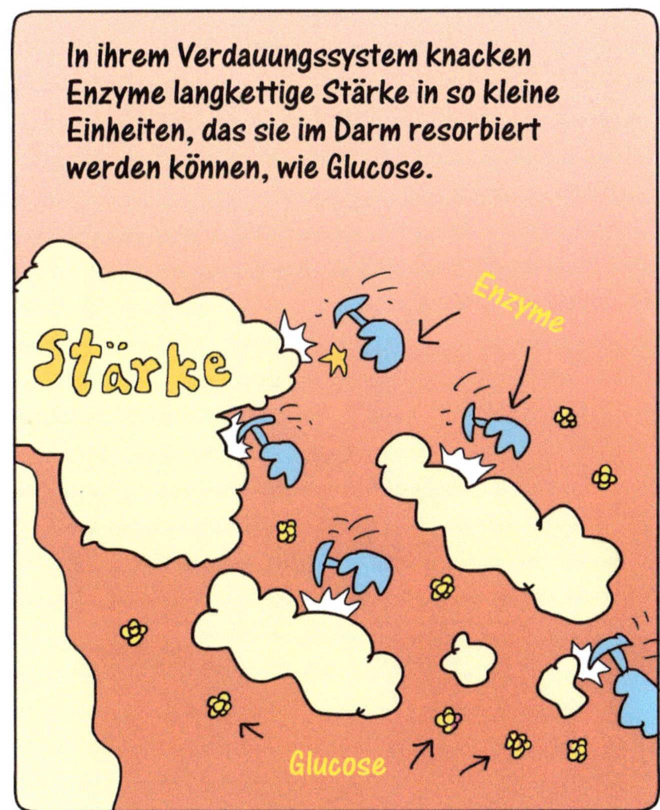

In ihrem Verdauungssystem knacken Enzyme langkettige Stärke in so kleine Einheiten, das sie im Darm resorbiert werden können, wie Glucose.
Stärke
Enzyme
Glucose

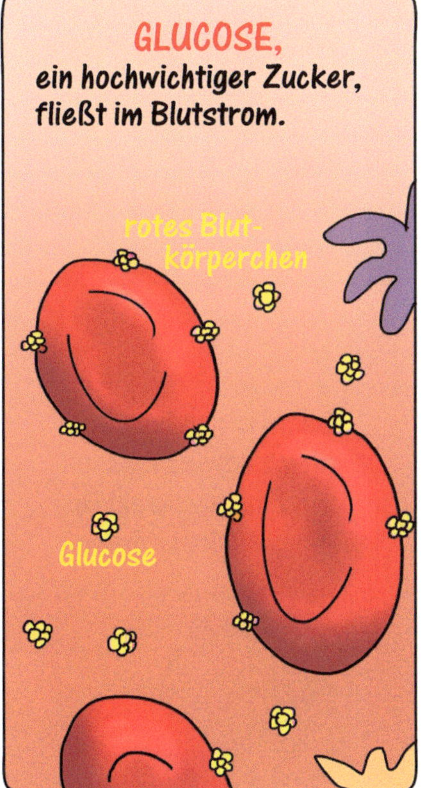

GLUCOSE, ein hochwichtiger Zucker, fließt im Blutstrom.
rotes Blutkörperchen
Glucose

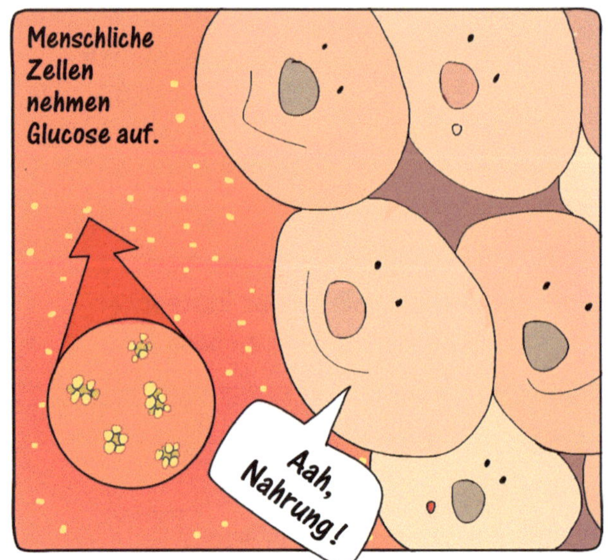

Hormone sind chemische Botenstoffe, die von Zellen oder speziellen Drüsen freigesetzt werden und Signale an andere Zellen geben.

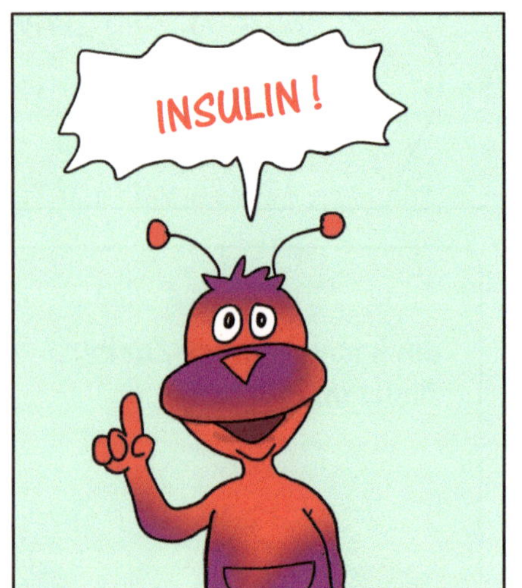

INSULIN ist ein Hormon, das in der Bauchspeicheldrüse des menschlichen Körpers gebildet wird.

Zellen in der Bauch- speicheldrüse messen den Zuckerspiegel im menschlichen Körper.

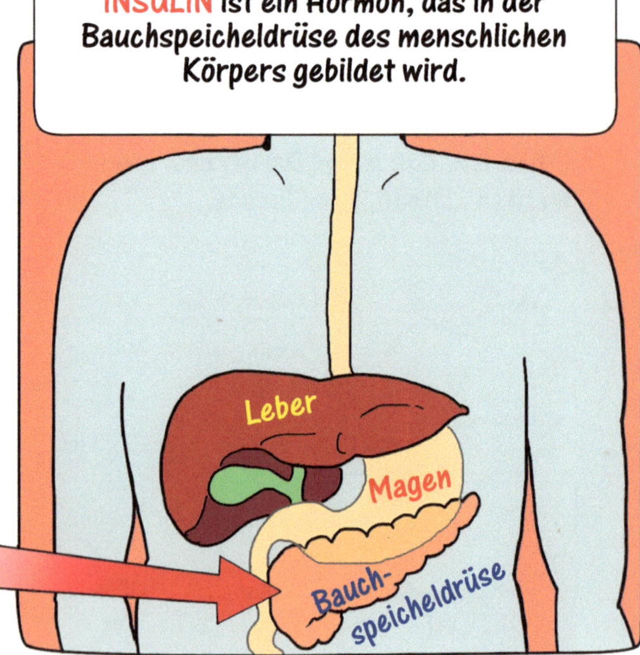

Im Inneren der Bauchspeicheldrüse.
Oh, der Blutzuckerspiegel ist gestiegen!
Level

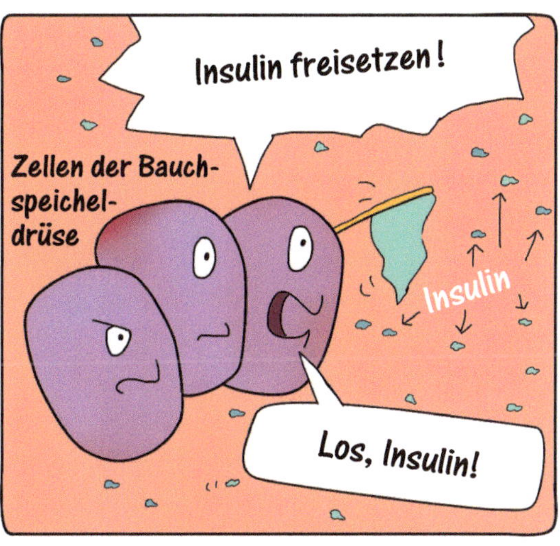

Insulin freisetzen!
Zellen der Bauchspeicheldrüse
Insulin
Los, Insulin!

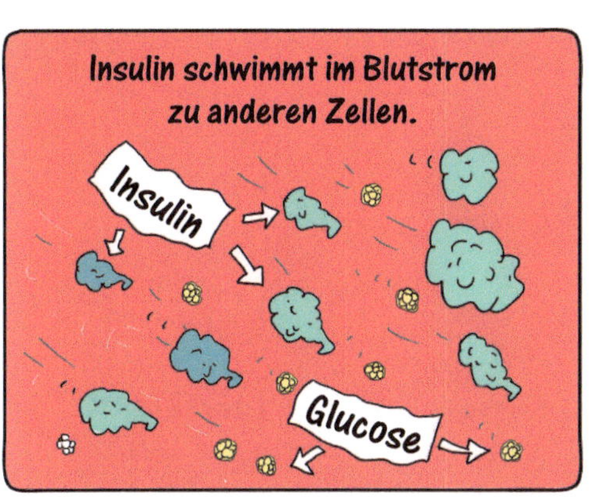

Insulin schwimmt im Blutstrom zu anderen Zellen.
Insulin
Glucose

Insulin erhöht die Zahl der Eintrittspforten für Glucose in den Zellen.
Oh!
ZELLE
ZELLEN

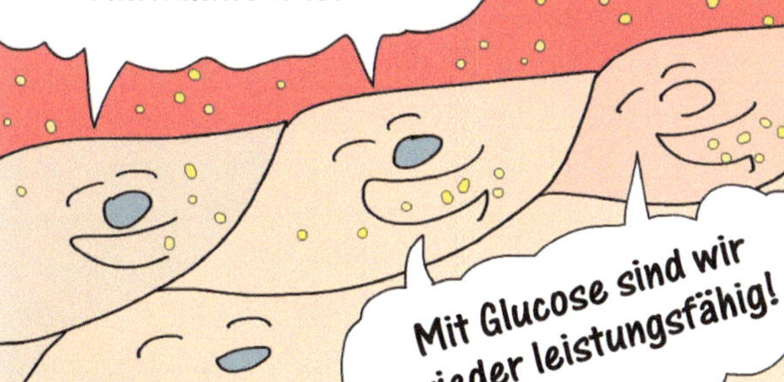

Insulin löst die Glucose-Aufnahme aus.
Mit Glucose sind wir wieder leistungsfähig!

Und der Zuckerspiegel im Blut geht herunter.
Level
BLUTZUCKERSPIEGEL

Ein Grund für Diabetes ist, dass der Körper nicht genug Insulin produziert!

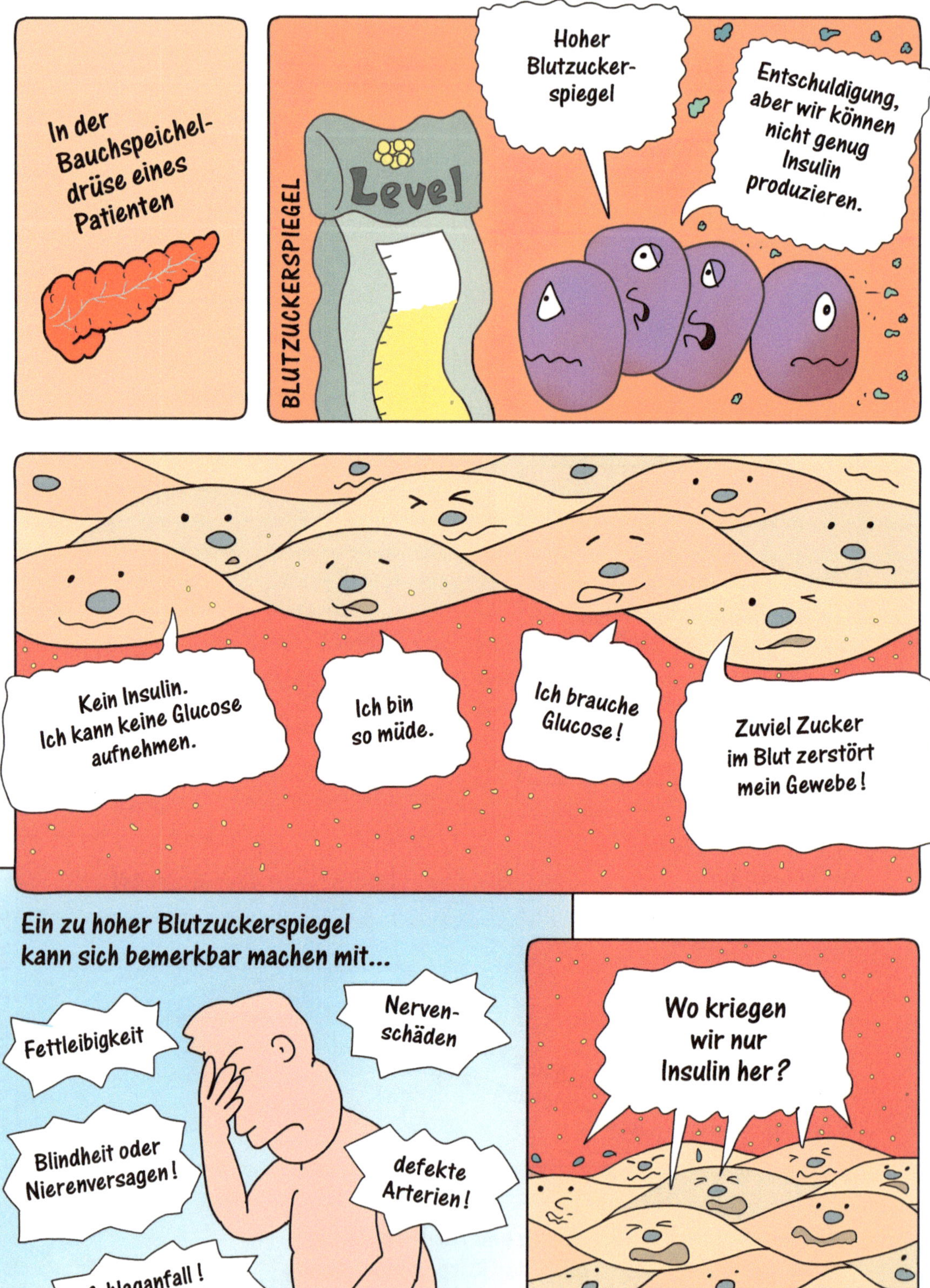
In der Bauchspeichel-drüse eines Patienten
BLUTZUCKERSPIEGEL
Level
Hoher Blutzucker-spiegel
Entschuldigung, aber wir können nicht genug Insulin produzieren.
Kein Insulin. Ich kann keine Glucose aufnehmen.
Ich bin so müde.
Ich brauche Glucose!
Zuviel Zucker im Blut zerstört mein Gewebe!
Ein zu hoher Blutzuckerspiegel kann sich bemerkbar machen mit...
Fettleibigkeit
Nerven-schäden
Blindheit oder Nierenversagen!
defekte Arterien!
Schlaganfall! Herzinfarkt!
Wo kriegen wir nur Insulin her?

Wie Insulin hergestellt wird

Insulin ist ein kleines Protein.

Ich habe versucht zu erfahren, wie ein Protein gebildet wird, um zu helfen.

Keine Sorge, die Menschen haben Möglichkeiten entwickelt, um Insulin künstlich herzustellen.

Wenn eine Fabrik etwas nicht herstellen kann...
...schaut man sich nach einer anderen Fabrik um, die das Produkt herstellt.

Seit Jahrzehnten haben die Menschen Insulin aus der Bauchspeicheldrüse von Schweinen gewonnen.
Oh, bitte nicht!

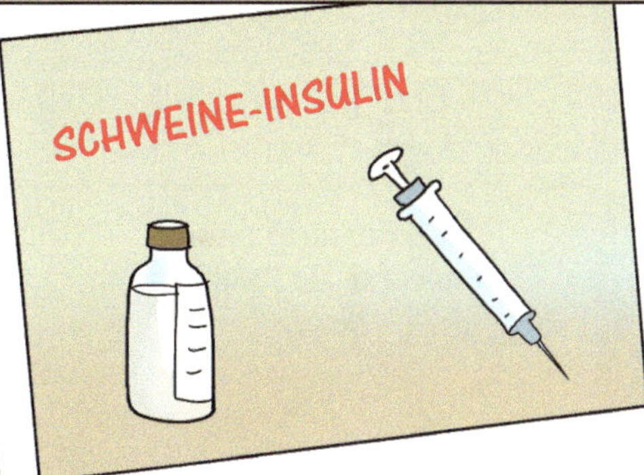

SCHWEINE-INSULIN

Aber die chemische Struktur des Schweine-Insulins ist nicht komplett identisch mit menschlichem Insulin.

Nach dem Spritzen des Schweine-Insulins in den menschlichen Körper....

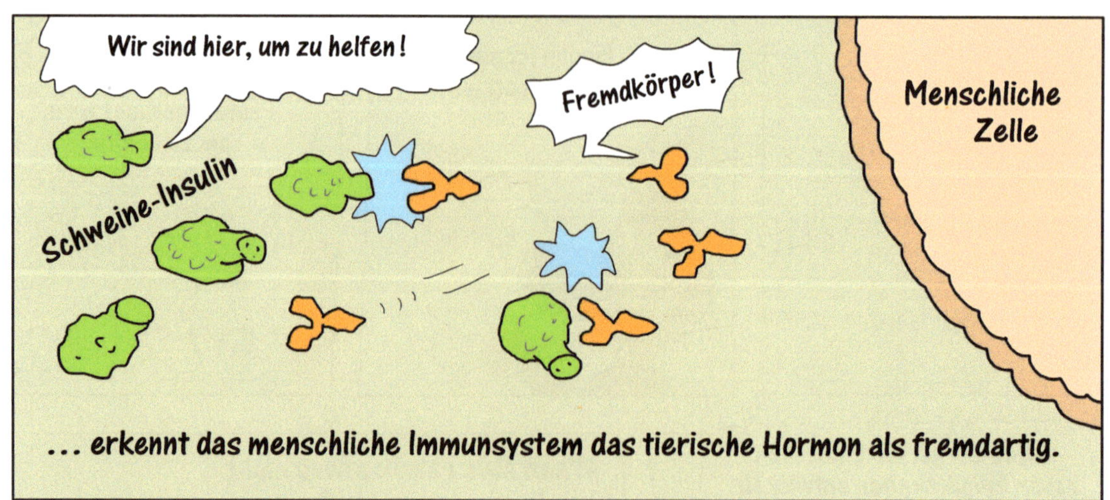

Wir sind hier, um zu helfen!
Fremdkörper!
Menschliche Zelle
Schweine-Insulin
... erkennt das menschliche Immunsystem das tierische Hormon als fremdartig.

Das verursacht bei manchen Diabetes-Patienten Allergien.

Und es besteht eine ständig wachsende Nachfrage nach Insulin.
6% der Bevölkerung haben Diabetes.

Gibt es nicht etwas Besseres als Schweine-Insulin?

Du erinnerst dich, dass menschliche DNA die Informationen für die Proteinproduktion trägt.

Komm, lass uns in mein Labor gehen!

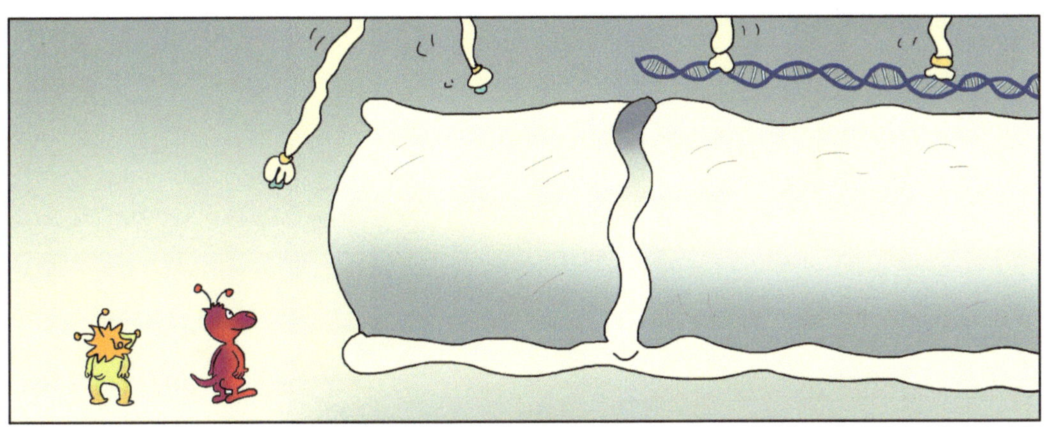

Hier haben wir ein Insulin-Molekül.

Entfalten

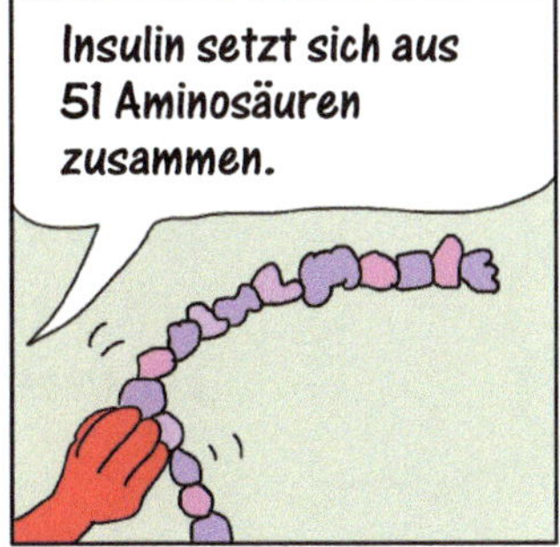

Insulin setzt sich aus 51 Aminosäuren zusammen.

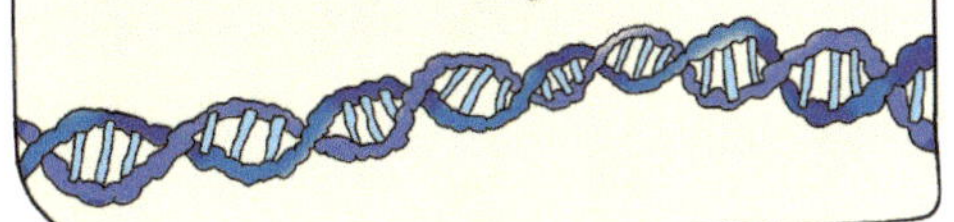

Die DNA, ein Strang, der nur 2 Nanometer dick ist, trägt die Codierung zur Proteinherstellung.

Drei Basen codieren für eine spezifische Aminosäure.
Aminosäure

EIN GEN

ist ein Abschnitt der DNA, der die Informationen zur Proteinbildung enthält.

Wissenschaftler haben einen Weg gefunden,
um Insulin losgelöst von menschlichen Zellen zu produzieren.
GEN - TECHNIK

Forscher haben heraus-
gefunden, wie man Insulin
außerhalb der menschlichen
Zellen herstellen kann.

Schau dir das an!

Ein
Bakterium!

Man bringt das
Insulin-Gen in die
Bakterien ...
Oh, zwei Fragen..
Erstens, wie ist es
den Menschen
gelungen, ihr Insulin-
Gen in die Bakterien
hineinzubringen?

Zweite Frage...warte!

Lass mich einen Schritt zurückgehen.

Die DNA ist so winzig, wie können die Menschen das richtige Gen aus dem DNA-Strang herausschneiden?

?
Enzyme!

Enzyme können auch Proteine auseinander schneiden.

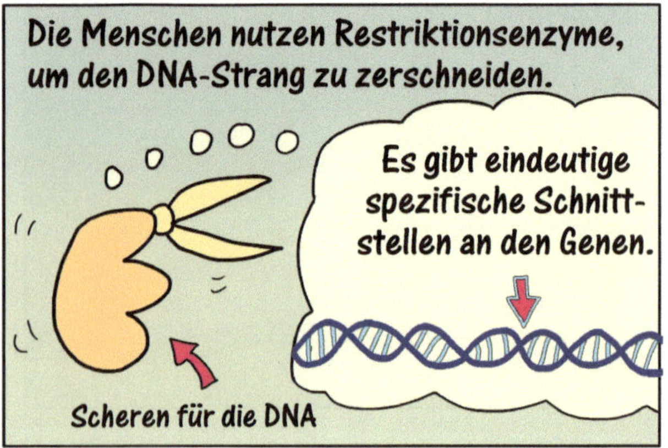
Die Menschen nutzen Restriktionsenzyme, um den DNA-Strang zu zerschneiden.
Es gibt eindeutige spezifische Schnitt-stellen an den Genen.
Scheren für die DNA

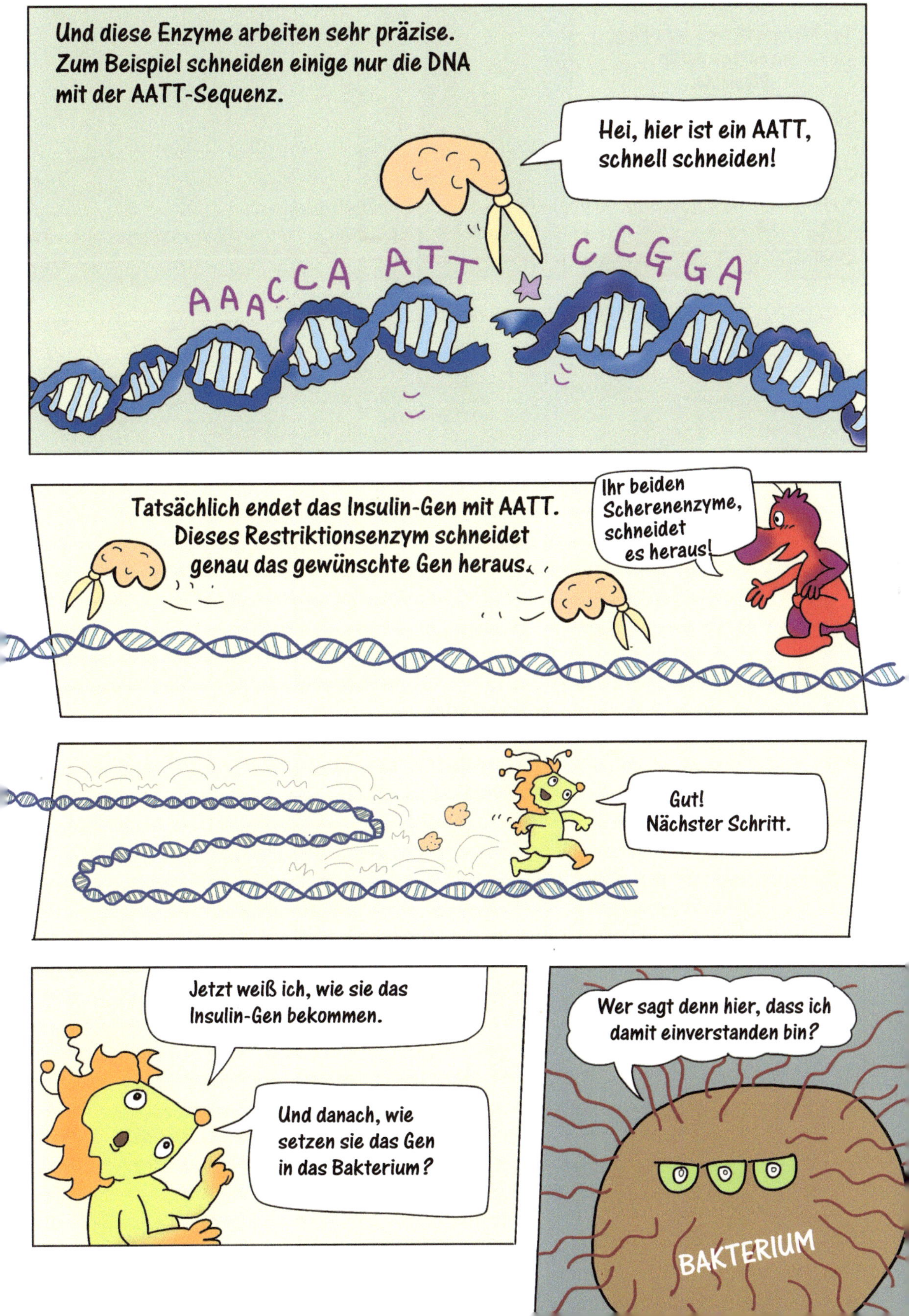

Und diese Enzyme arbeiten sehr präzise. Zum Beispiel schneiden einige nur die DNA mit der AATT-Sequenz.

Die Menschen sind sehr klug. Sie nutzen dafür Plasmide.

Was sind Plasmide?

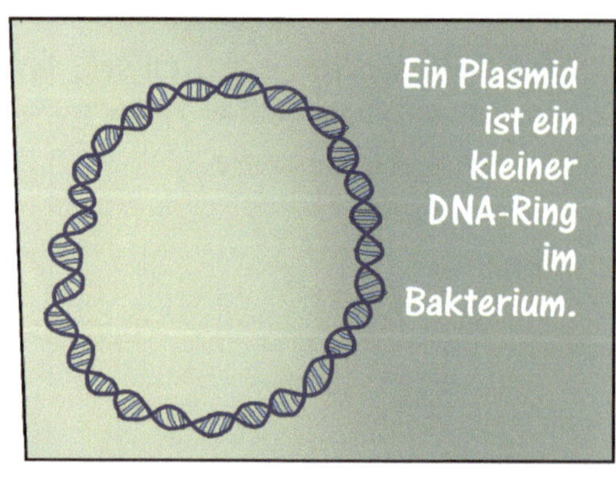

Ein Plasmid ist ein kleiner DNA-Ring im Bakterium.

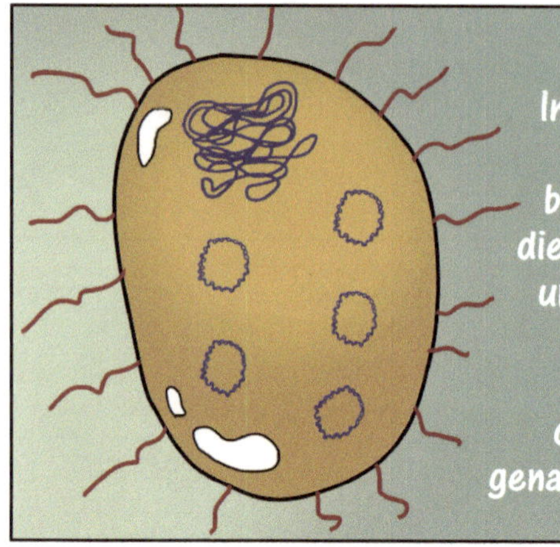

Im Innern des Bakteriums befinden sich die Haupt-DNA und verschiedene kleine DNA-Ringe, die Plasmide genannt werden.

Die Menschen lassen Bakterienkulturen wachsen, brechen die Zellwände auf und extrahieren ihre Plasmide.

Bevor wir weiter gehen, setz' zuerst mal deine Denkkappe auf. Ich erzähle dir die Geschichte vom Trojanischen Pferd.

Fein! Ich höre gern tolle Geschichten!

Das ist ein gigantisches Holzpferd aus der griechischen Mythologie über den Trojanischen Krieg.

DAS TROJANISCHE PFERD

In diesem Krieg der Antike war das Holzpferd eine Kriegslist der Griechen gegen die Trojaner.
Es sah wunderschön aus und deshalb ...
...haben die Trojaner ihre Stadtmauern geöffnet und das Pferd hineingeholt.

Die Trojaner feierten sogar schon ...

... aber es waren griechische Soldaten im Innern des Pferdes verborgen ...

... und die Trojaner wurden besiegt.

Klug, aber ziemlich gefährlich!
Und warum erzählst du mir diese Geschichte?

Bakterielle Plasmide sind Trojanische Pferde.

Man gewinnt Plasmide aus Bakterien.

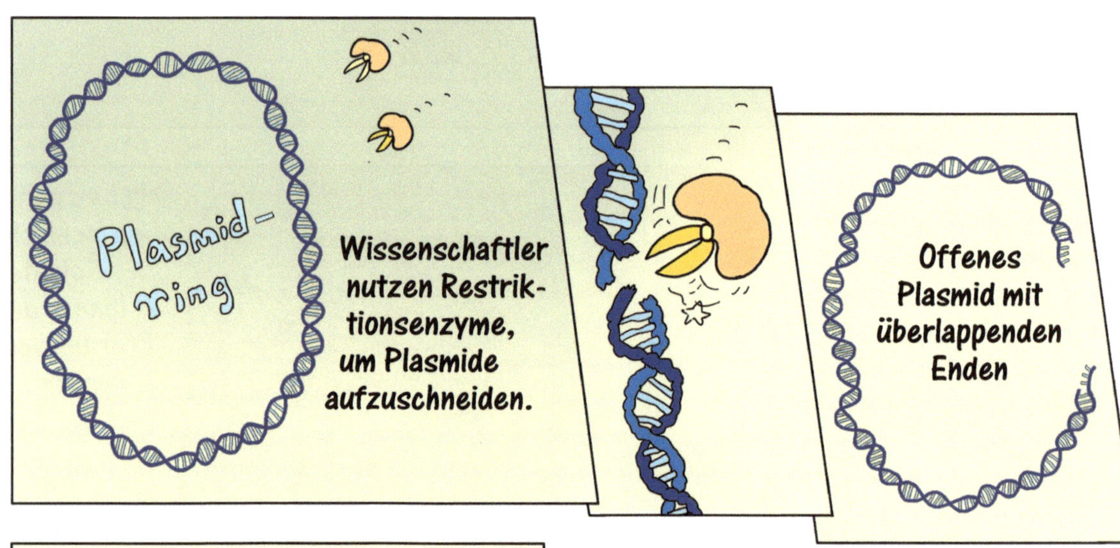

Plasmid-ring
Wissenschaftler nutzen Restriktionsenzyme, um Plasmide aufzuschneiden.
Offenes Plasmid mit überlappenden Enden

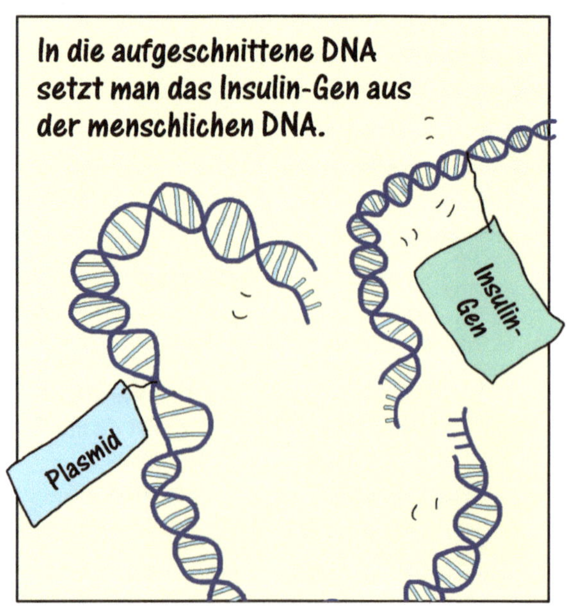

In die aufgeschnittene DNA setzt man das Insulin-Gen aus der menschlichen DNA.
Insulin-Gen
Plasmid

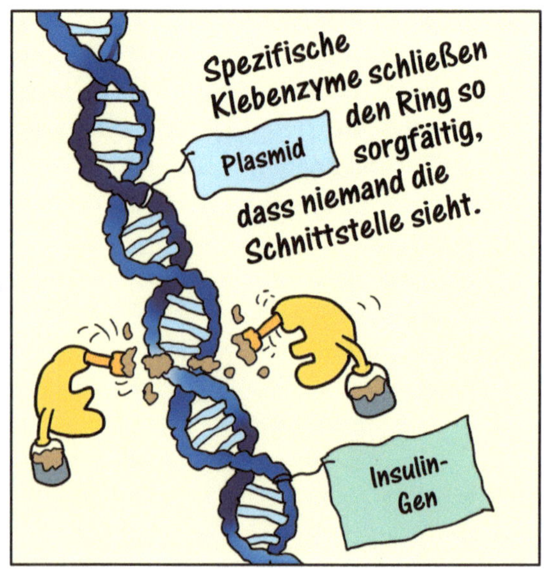

Spezifische Klebenzyme schließen den Ring so sorgfältig, dass niemand die Schnittstelle sieht.
Plasmid
Insulin-Gen

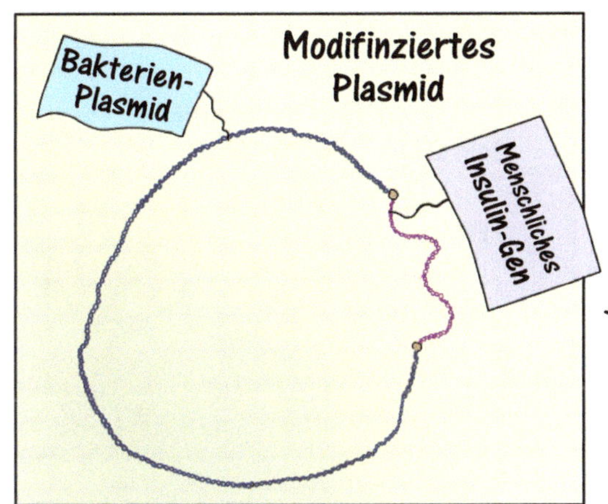

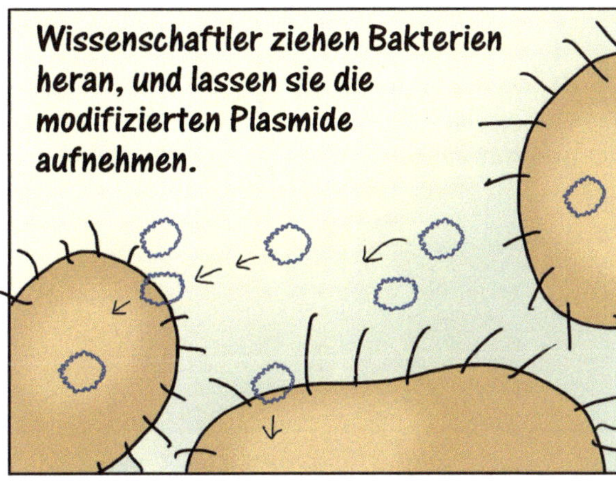

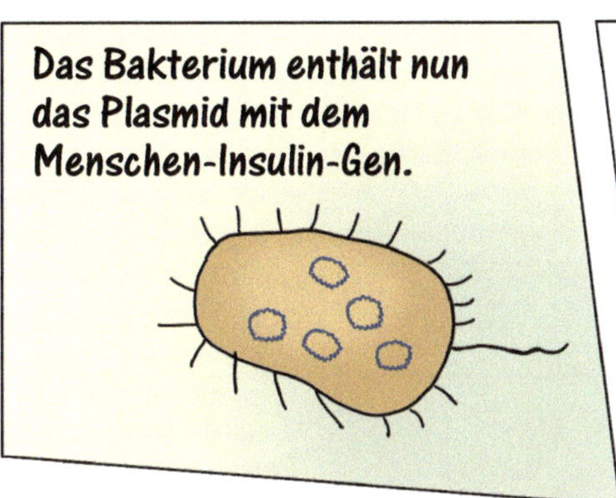

Eine Bakterienzelle produziert nun Insulin.

Die Bakterienzelle teilt und vermehrt sich alle 20 Minuten:
1, 2, 4, 8, 16, 32, 64, 128, 256, 512 …

So können die Zellen, auf die ich gestoßen bin, gerettet werden.
Ja, Insulin hilft den Zellen, Glucose aufzunehmen.
Menschen nutzen die Gentechnik, um Hunderte von menschlichen Proteinen mit Hilfe von Bakterien herzustellen.

WIR BAKTERIEN LEISTEN WIRKLICH GROSSARTIGES!
Wir retten Menschen leben.

Nun habe ich all deine Fragen beantwortet und du kannst nun wieder zurück nach Hause.
Professor, bitte erlauben Sie mir doch zu bleiben und Ihnen bei Ihren Forschungen auf der Erde zu helfen.

Gut, aber du musst dich an die Regeln halten! Disziplin!
Wir müssen sehr behutsam und vorsichtig mit der Natur und der Gentechnik umgehen!
Später erzähle ich Dir mehr.

DNA
Die berühmte Doppelhelix, die Erbsubstanz

Dreh- und Angelpunkt der Biorevolution ist die Helix des Lebens – der materielle Träger der Erbsubstanz. Die **Desoxyribonucleinsäure** (DNS) wird international abgekürzt DNA (nach der englischen Bezeichnung *deoxyribonucleic acid*).

Die lange Suche nach dem Träger der Vererbung gipfelte 1953 in einem Artikel des britischen Wissenschaftsjournals „Nature" der beiden jungen Forscher James Watson und Francis Crick.

James Watson
(geb. 1928)

Francis Crick
(1916-2004)

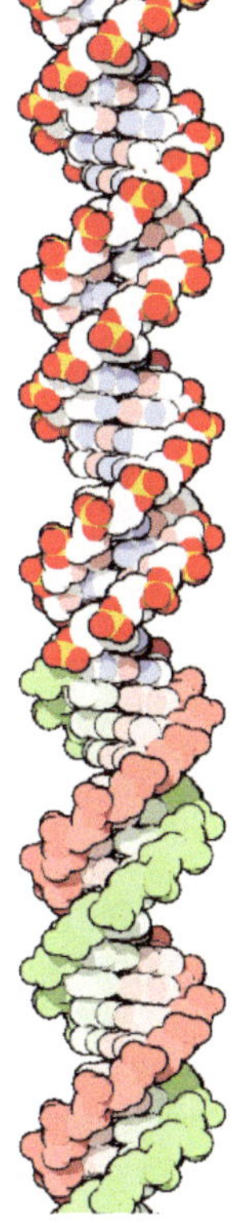

DNA-
Doppelhelix

Darin war eine sehr einfache, aber geniale Grafik zu sehen: eine Doppelwendel, die DNA-Doppelhelix.

Die DNA sieht etwa aus wie ein verdrillter Reißverschluss.

Dieser Reißverschluss besitzt vier unterschiedliche Sorten von „Zähnen": **Die vier Basen Adenin (kurz A)**, **Cytosin (C)**, **Guanin (G)** und **Thymin (T)**.

Diese Basen sind Teil der **Nucleotide, der Grundbausteine der DNA**. Die Nucleotide bestehen aus einem Zucker (Desoxyribose), einer Base (A,T,C oder G) und noch einem Phosphatrest. Die zwei „Rückgrate" der DNA-Doppelhelix bestehen aus sich abwechselnden Zucker- und Phosphat-Einheiten.

Wie die Reißverschlusszähne an einer Stoffleiste sind die vier Basen an den zwei Rückgraten befestigt. Für die genetische Information ist allein die **Reihenfolge der vier Basen** von Bedeutung, die **DNA-**

Von der DNA zum Protein

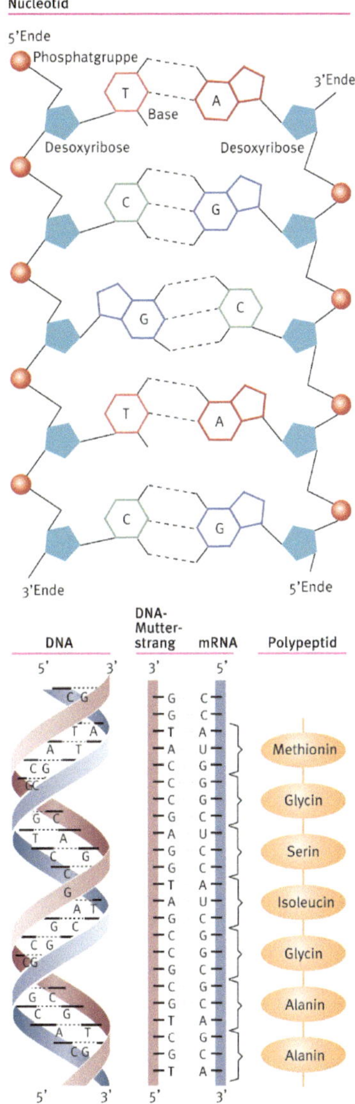

Sequenz. Die beiden Zahnleisten eines geschlossenen Reißverschlusses am Pullover werden rein mechanisch zusammengehalten. Im Fall der DNA sind es dagegen molekulare Wechselwirkungen: Wasserstoffbrücken (H-Brücken).

Immer die A-Basen und T-Basen sowie die C-Basen und G-Basen passen nun räumlich exakt zusammen. Diese sogenannte **Watson-Crick-Regel** ist Voraussetzung für die exakte Weitergabe genetischer Information: also **A bindet mit T, C mit G.**

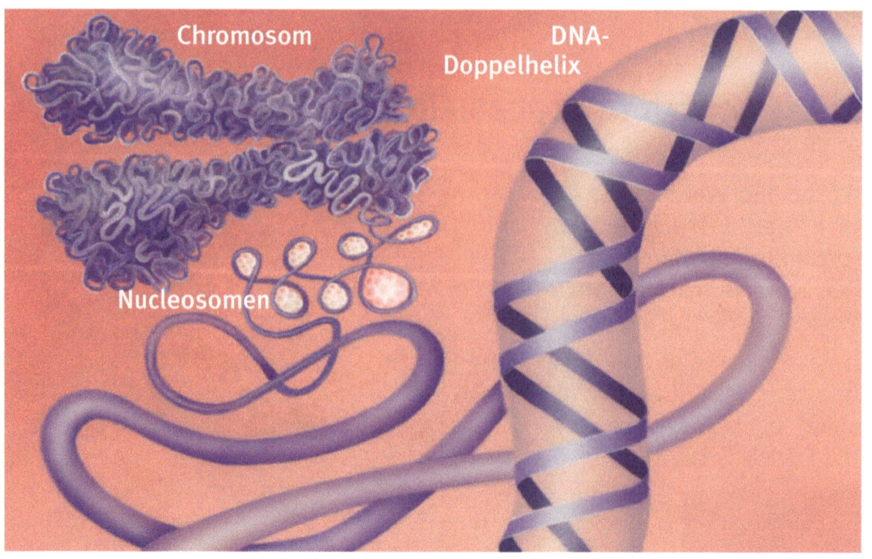

Die DNA liegt in den Chromosomen nicht nackt vor, sondern ist eng an kleine Proteine, die Histone, gebunden. Sie bilden zusammen die Nucleosomen. Der Mensch hat 23 Chromosomen-Paare. Frauen haben ein XX-, Männer ein XY-Chromosom.

DNA-Polymerasen

Grundlage der Vererbung ist die Vermehrung von lebenden Zellen.

Zwei gleichartige Zellnachkommen entstehen dabei aus einer Mutter-Zelle. Jede Tochter trägt das exakt gleiche Erbprogramm wie die Mutter.

Daher muss die DNA v o r der Zellteilung eine **exakte Kopie von sich selbst** anfertigen. Zu diesem Zweck öffnet sich die DNA wie ein Reißverschluss, d.h., die beiden Einzelstränge lösen sich voneinander. Der Reißverschluss ist nun offen!

An jedem der beiden frei werdenden Stränge synthetisiert dann ein Enzym, die DNA-Polymerase einen neuen DNA-Strang. **Am Ende entstehen zwei neue DNA-Doppelstränge**. DNA-Polymerasen sind aber nicht nur bei der Zellteilung aktiv. Auch bei der Gentechnik helfen sie, aus winzig kleinen Mengen DNA riesige DNA Mengen zu bilden.

Die DNA steuert die Eiweiß-Synthese über die mRNA

Aber wie ist die genetische Bauanweisung in dieser Abfolge der Basen (der Sequenz) verschlüsselt? Wie „weiß" die Zelle, wie die lebenswichtigen Eiweiße zusammengebaut werden?

Zuerst mal: Wie sind **Eiweiße** (**Proteine**) aufgebaut? Proteine sind Moleküle verschiedener Größe, die aus nur **20 verschiedenen Aminosäuren** gebildet werden. Die Art, die Zahl und Reihenfolge (die **Aminosäure-Sequenz)** der Aminosäuren im Proteinmolekül bestimmen das Aussehen, Form und Eigenschaften der Eiweiße.

Die Anordnung und Reihenfolge der Basen auf der DNA, die **DNA-Sequenz,** ist das Geheimnis! Hier steht geschrieben, wie Proteine gebaut werden sollen. Die **Bauanweisungen der Proteine** liegen in der bekannten A-, C-, G-, T-Sprache vor.

Proteine sind dagegen in einer ganz anderen, in der Aminosäuren-Sprache, geschrieben. Den **Schlüssel für die Übersetzung von der DNA-Sprache in die Aminosäuren-Sprache nennt man den genetischen Code**. Die DNA der Bakterien schwimmt frei im Plasma der Zellen umher. Bakterien haben keinen Zellkern. Die DNA bei Hefen und bei höheren Pflanzen, Tieren und bei uns liegt dagegen fest in einem Zellkern dicht verknäuelt vor. Proteine entstehen aber außerhalb des Zellkerns,

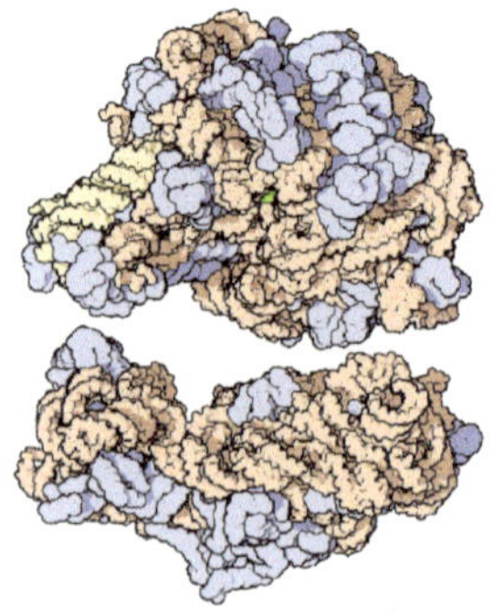

Das Ribosom besteht aus zwei Untereinheiten. Diese umklammern eine mRNA während der Proteinsynthese.

im Zellplasma. Die Zelle verfügt dort über ihre eigenen Proteinfabriken, die riesigen **Ribosomen**. Wie kommt die DNA im Zellkern nun aber zu den Ribosomen im Plasma? Die Lücke zwischen DNA im Kern und den Ribosomen muss überbrückt werden.

GENTECHNIK

Aber wie?

Ein biologischer Bote (engl. *messenger*) wird benötigt. Ein solcher Bote wird **messenger RNA** (**mRNA**) genannt. Die mRNA enthält die komplette Information für die Protein-Synthese.

Die mRNA ist eine **einzelsträngige Kopie** der Doppel-DNA. Sie schlängelt sich aus dem Zellkern durch Poren ins Plasma zu den Ribosomen.

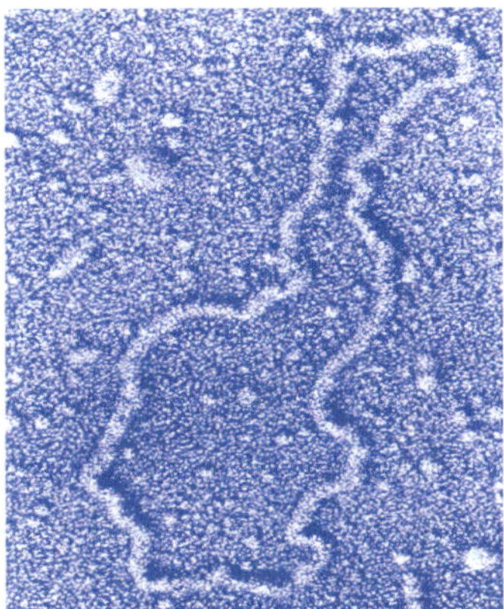

Das Plasmid pSC101, von Stanley Cohen auch Plasmid-Halskette genannt

Sie wird dann auch in den **Ribosomen abgelesen, Aminosäure-Ketten entstehen** und falten sich zu (meist kugligen) Proteinen zusammen.

Der Abschnitt auf der DNA im Zellkern, auf dem die Anweisung für ein Eiweiß geschrieben steht, heißt GEN. Die Gentechnik versucht, DNA aus einem Organismus (z.B. das Gen für menschliches Insulin) in andere Organismen zu übertragen (z.B. in Bakterien-Zellen).

Plasmide sind ideale Transporteure für DNA

Plasmide sind kleine, ringförmige DNA-Elemente (mit 3 000 bis über 10 0000 Basenpaaren), die sich außerhalb der sehr viel größeren Haupt-DNA (dem „Hauptchromosom") frei in einer Bakterienzelle aufhalten.

Es gibt etwa 50 bis 100 kleine und ein bis zwei größere DNA-Plasmide pro Zelle. Die meisten Plasmide können sich selbstständig in der Zelle vermehren. Nehmen zwei Bakterienzellen miteinander Kontakt auf, können sie über eine Brücke (Pilus) Plasmide austauschen. Sie tauschen so DNA-Informationen aus (z.B. über die für Bakterien tödlichen Antibiotika).

Wie kann man die Plasmid-DNA nutzen?

Plasmide wären ein ideales Transportmittel für Gene (also DNA), wenn man ihnen f r e m d e DNA mitgeben könnte.

Wie aber fremde DNA in Plasmide einbauen? Die DNA-Plasmid-Ringe müssen erstmal aufgeschnitten und die Fremd-DNA (also Gene) muss eingefügt werden können. Das ist gar nicht einfach: Ein Gen, das in ein Plasmid eingefügt werden soll, ist etwa ein zehntausendstel Millimeter groß. Dabei hat die DNA-Doppelhelix nur eine Dicke von zwei millionstel Millimetern (2 Nanometern). Das ist alles superklein! Mit unseren mechanischen Scheren ist hier nicht weiterzukommen. Zudem müssten die „DNA-Scheren" auch selbst die richtigen Schnittstellen finden.

Molekulare DNA-Scheren und DNA-Kleber

Spezielle Enzyme, sogenannte **Restriktasen**, schneiden DNA. 1970 fand man heraus, dass diese Restriktasen erstaunlicherweise die DNA nicht beliebig, sondern nur an ganz bestimmten Basenpaaren exakt zerschneiden. Die Restriktase EcoRI zerschneidet DNA z.B. nur dort, wo in der DNA die Basen-Sequenz GAATTC auftritt, und zwar genau zwischen den Basen G und A.

An dem gegenüberliegenden „Schwester"-DNA-Strang mit der Basenfolge CTTAAG spaltet EcoRI ebenfalls zwischen den Basen A und G:

3'-XXXXXXXXG/AATTCXXXXXXXX-5'

5'-XXXXXXXXCTTAA/GXXXXXXXX-3'

So entsteht kein „glatter Schnitt" der Schere, sondern es bilden sich zwei Bruchstücke mit überstehenden Enden: Man nennt sie „klebrig"

3'-XXXXXXXXG.............AATTCXXXXXXXX-5'

5'-XXXXXXXXCTTAA ..... GXXXXXXXX-3'

Man kann nun die Bruchstücke sogar wieder durch ein **DNA-Klebstoff-Enzym, die DNA-Ligase**, zusammenfügen. Genial!

Wir haben also „Scheren" und „Kleber" für die DNA gefunden.

Quakende Bakterien?

Anfang 1973 geschah dann das erste Experiment der neuen Gentechnologie. Die Forscher wählten das kleine Plasmid pSC 101, das in hoher Zahl in der Zelle vorliegt. Durch die Restriktase wird die ringförmige Plasmid-DNA aufgeschnitten und in

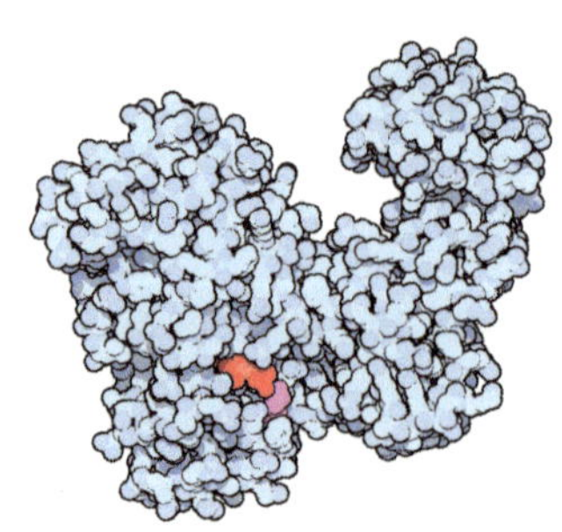

DNA-Ligase, das DNA-Klebstoff-Enzym

fadenförmige lineare DNA mit klebrigen Enden verwandelt. Parallel wurde mit EcoRI auch ein anderes Plasmid zerschnitten, das ein Gen gegen das Antibiotikum Kanamycin (Ka-Gen) enthält.

Auch dieses Plasmid hatte nur eine Schnittstelle. Die zwei zerschnittenen Plasmide besaßen die gleichen klebrigen Enden, da sie an der gleichen Stelle -G/AATTC- zerschnitten worden waren.

Die Wissenschaftler fügten nun den Kleber, DNA-Ligase, dem Gemisch hinzu und verbanden damit die zwei Klebestellen.

So entstanden neue größere Plasmide. Im letzten Schritt wurde diese neue DNA wieder in Bakterien überführt. Dazu wurde der Lösung mit den zu manipulierenden *E.coli*-Bakterien Calciumchlorid (CaCl$_2$) zugesetzt.

Am Schluss folgte der entscheidende Test: Die Bakterienlösung wurde auf Nährplatten mit Kanamycin ausgestrichen. Die meisten Bakterien gingen ein – wie erwartet. Nur wenige Bakterien überlebten. Die überlebenden Bakterien vermehrten sich und wuchsen zu Zellkolonien heran; etwa 100 Millionen identisch gebauter Nachkommen, die alle die neue DNA gegen Kanamycin trugen.

Ein K l o n war entstanden, eine Gruppe genetisch identischer Lebewesen.

Humaninsulin aus Bakterien?!

Diabetes ist eine Krankheit, die in den Industrieländern auf Platz drei der Todesursachen steht. Eine „moderne Volkskrankheit". Jeder 6.Erwachsene hat Diabetes. Der Bedarf an Insulin ist unglaublich hoch. Ein Diabetiker brauchte bisher zur Deckung seines Jahresbedarfs die Bauchspeicheldrüsen von etwa 50 Schweinen.

Insulin ist ein kleines Hormon, das aus zwei Proteinketten besteht.

Von 1945 an hatte Fred Sanger in zehn Jahre langer zäher Arbeit im Keller des Biochemischen Instituts in Cambridge (England) die Struktur des Insulins erforscht.

Kristallisiertes Rinder-Insulin aus 120 Rindern diente Sanger als Rohstoff. Fred Sanger bekam den Nobelpreis 1957, nur drei Jahre nachdem er die Sequenz aller 51 Aminosäurebausteine in den zwei Insulinketten entschlüsselt hatte.

Der „Tagesverbrauch" von Insulin beträgt beim Menschen etwa 1,8 mg.

Das erste gentechnisch hergestellte menschliche Insulin

1979 wurde dann die bakterielle Synthese von menschlichem Insulin mit Erfolg praktiziert.

Insulin besteht, wie schon erwähnt, aus zwei Ketten, die 21 beziehungsweise 30 Aminosäuren lang sind. In mühseliger, dreimonatiger Kleinarbeit stellten die Wissenschaftler die den beiden Ketten entsprechenden synthetischen Gene, also DNA, her.

Da man den Aufbau des Insulins kannte, konnte man die entsprechenden DNA-Sequenzen am Reißbrett entwerfen.

18 Bruchstücke aus jeweils mehreren Nucleotiden fügten die Forscher zum Gen für die längere Kette und elf Bruchstücke zum Gen für die kürzere Kette zusammen. Man ging getrennt vor: Aus Angst vor möglichen Risiken wurden die A-Kette und die B-Kette in verschiedenen Mikroorganismen parallel erzeugt.

Wie gefährlich ist die neue Gentechnik?

Warum die Angst? Das Risiko von Gentechnikexperimenten war von besorgten Wissenschaftlern 1975 heiß diskutiert worden.

Was würde passieren, wenn Bakterien aktives Insulin bildeten und sie versehentlich in den Darm des Menschen gelangten und dort überlebten? Sie könnten dort einen tödlichen Insulin-Schock hervorrufen. Daher wurden in der Folge **strenge Gentechnik-Richtlinien** erlassen.

„Verkrüppelte" Sicherheitsstämme von *E. coli* wurden geschaffen, die nicht außerhalb des Labors existieren können. **Labors verschiedener Sicherheitsstufen (P1 bis P3)** wurden für mikrobiologische Arbeiten konzipiert.

Das auf diese Weise mikrobiell erzeugte menschliche Insulin führte 1982 zu einer tiefgreifenden Revolution.

Nun kann Diabetikern weltweit geholfen werden! Danke, Biotechnologie!

DER SCHNELLE BIOSENSORTEST FÜR HERZINFARKT

Hallo Bruder George, du hast mir erzählt, dass du in der letzten Zeit besonders viel Stress hattest.

Lass dich mal vom Arzt durchchecken und gönn dir mehr Ruhe.

Biola, würdest du bitte diesen Immuntest zu deinem Onkel George bringen.
Ich hab ihm schon gesagt, dass er ihn im Notfall anwenden soll.

Man nennt dies einen Schnelltest.
Ich zeig dir gleich, wie man ihn benutzt.

Bei George zu Hause angekommen.

Prinzessin Biola, schön, dich zu sehen. Der König braucht sich keine Sorgen um mich zu machen, mir geht es gut.
Komm, schau dir mal meine letzten Sammlerstücke an

Nun lass uns spazieren gehen und anschließend trinken wir etwas zusammen.

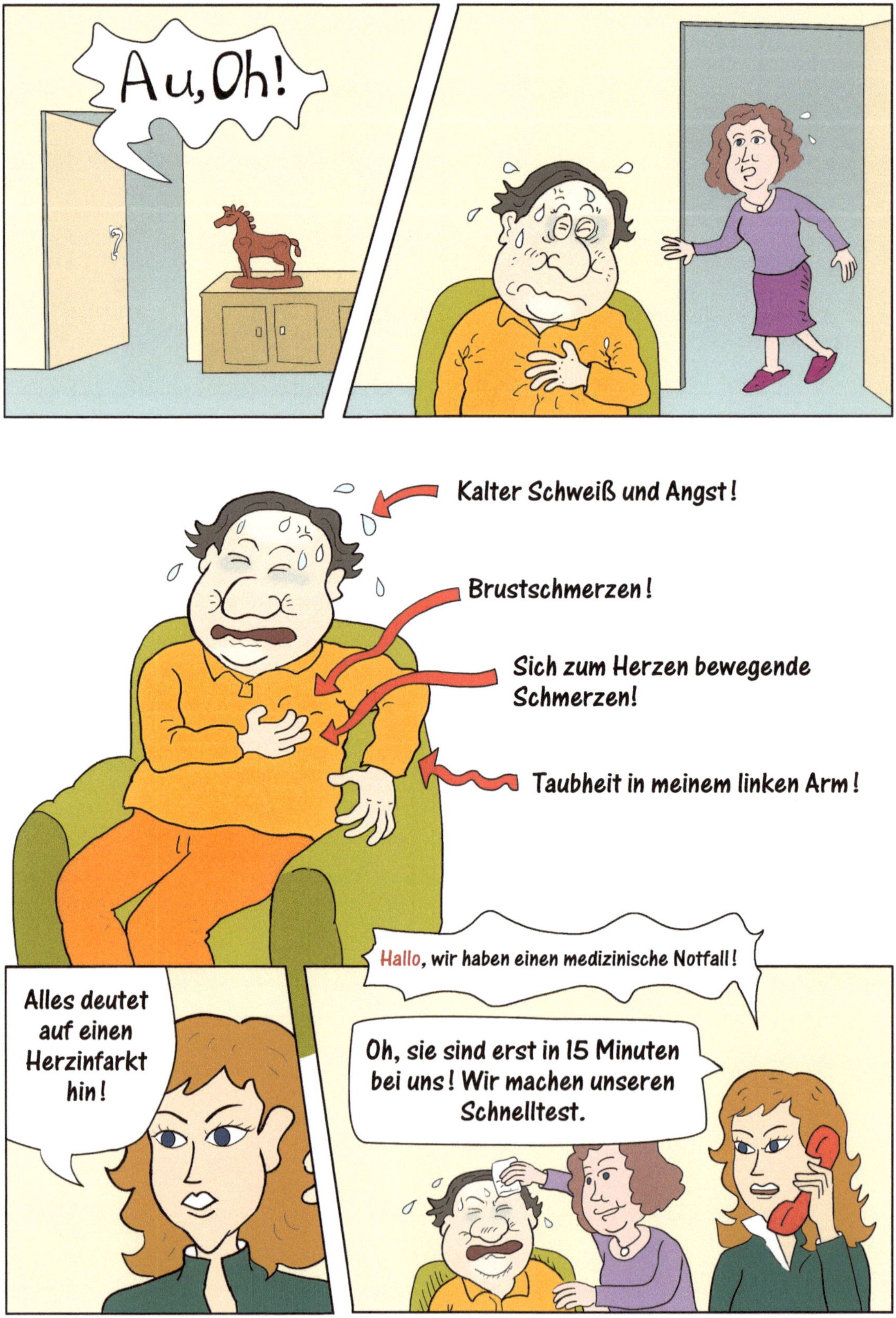

Au, Oh!

Kalter Schweiß und Angst!
Brustschmerzen!
Sich zum Herzen bewegende Schmerzen!
Taubheit in meinem linken Arm!
Hallo, wir haben einen medizinische Notfall!
Alles deutet auf einen Herzinfarkt hin!
Oh, sie sind erst in 15 Minuten bei uns! Wir machen unseren Schnelltest.

DIESER SCHNELLTEST RETTET LEBEN!
HERZINFARKT-SCHNELLTEST
Onkel George, wir machen den SCHNELLTEST AUF HERZINFARKT bei dir!

Nur ein kleiner Piekser in deinen Finger.
Sterilisierte Nadel!

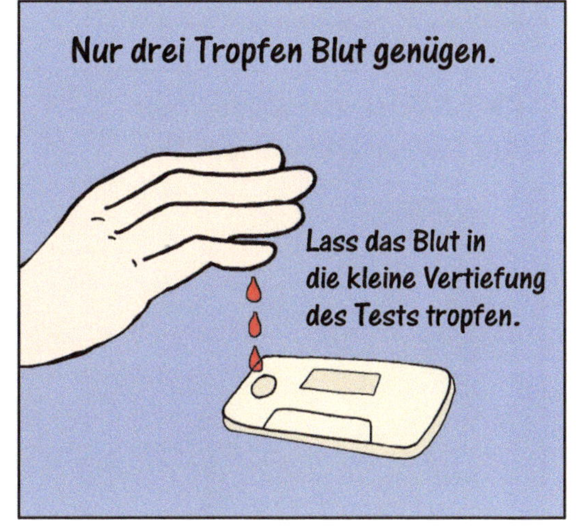

Nur drei Tropfen Blut genügen.
Lass das Blut in die kleine Vertiefung des Tests tropfen.

fünf Minuten später

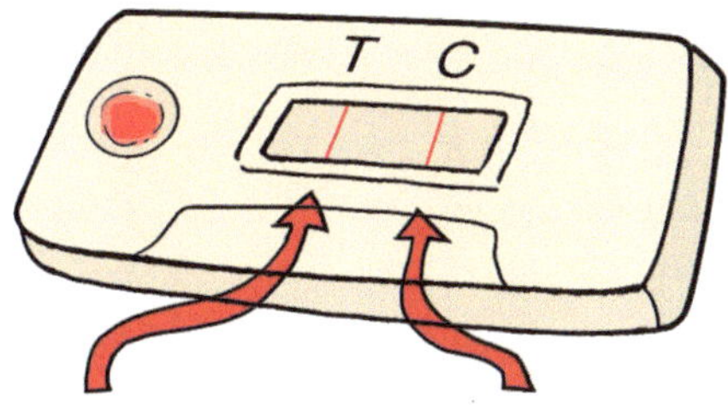

Zwei rote Striche erscheinen im Fenster.
T   C
Die rote Linie auf T(est) bedeutet HERZINFARKT!
Rote Linie auf C(ontrol) heißt: Der Test arbeitet korrekt; es ist die Kontrollinie.

Zehn Minuten später trifft der Notarzt ein.

NOTAUFNAHME

Herr Doktor, der Schnelltest auf Herzinfarkt war positiv!

Das Elektrokardiogramm zeigt allerdings noch gar keinen Hinweis darauf.

Aber ich vertraue dem neuen Herzinfarkt-schnelltest.
Ich spritze schnell Blutverdünner.

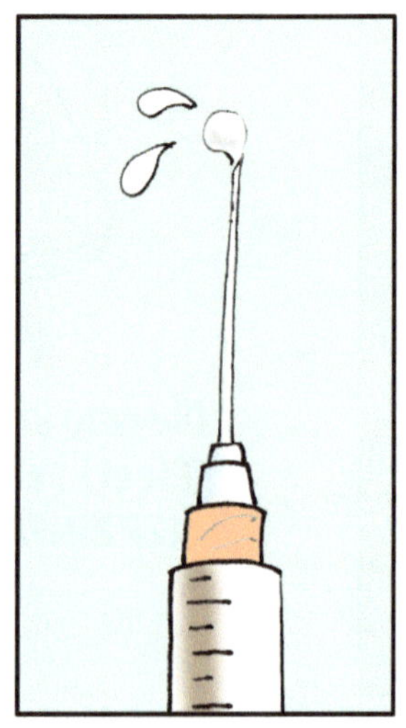

1 nm (Nanometer) = ein Milliardstel Meter oder ein Millionstel Millimeter

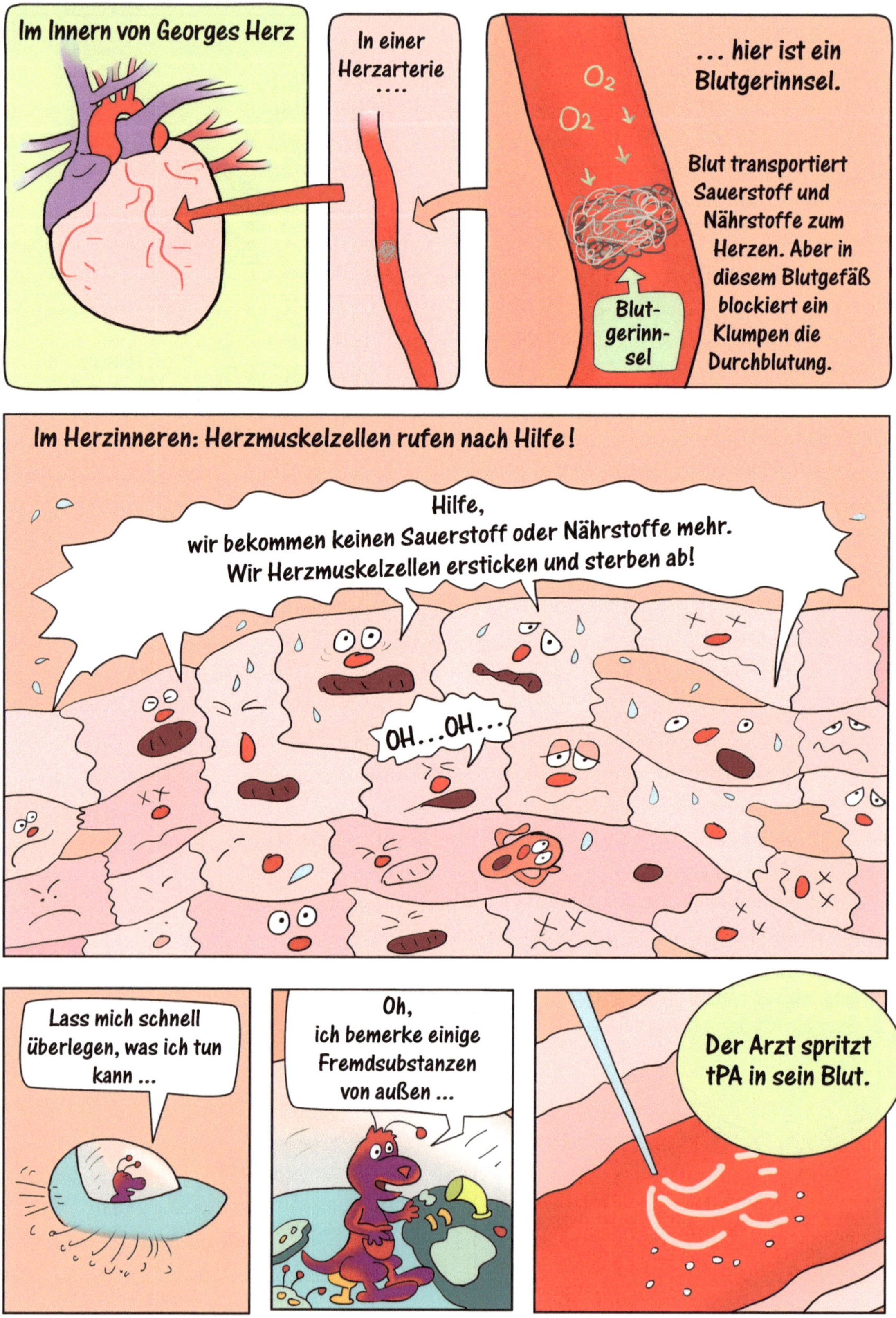

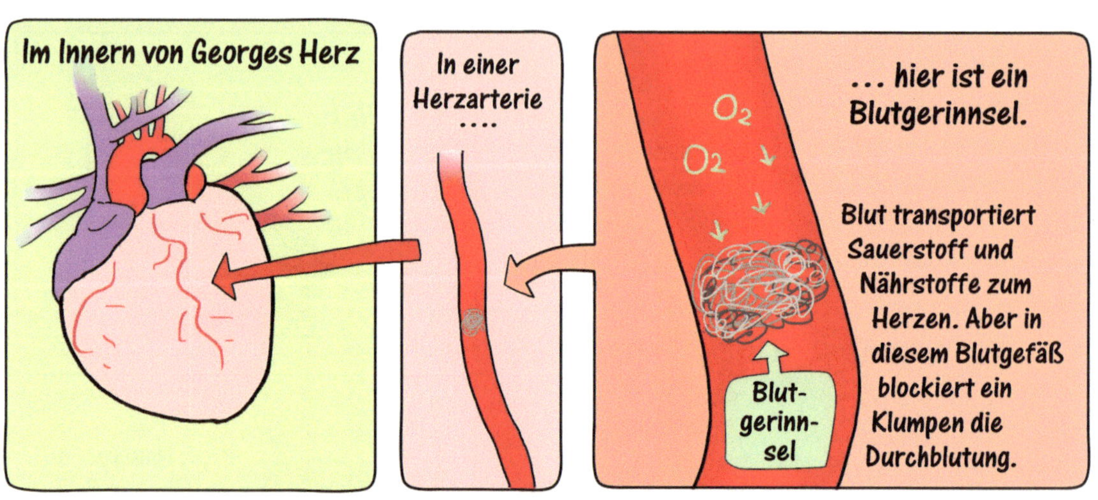

Im Innern von Georges Herz
In einer Herzarterie ....
... hier ist ein Blutgerinnsel.
O₂
O₂
Blut transportiert Sauerstoff und Nährstoffe zum Herzen. Aber in diesem Blutgefäß blockiert ein Klumpen die Durchblutung.
Blut-gerinn-sel
Im Herzinneren: Herzmuskelzellen rufen nach Hilfe!
Hilfe, wir bekommen keinen Sauerstoff oder Nährstoffe mehr. Wir Herzmuskelzellen ersticken und sterben ab!
OH...OH...

Lass mich schnell überlegen, was ich tun kann ...

Oh, ich bemerke einige Fremdsubstanzen von außen ...

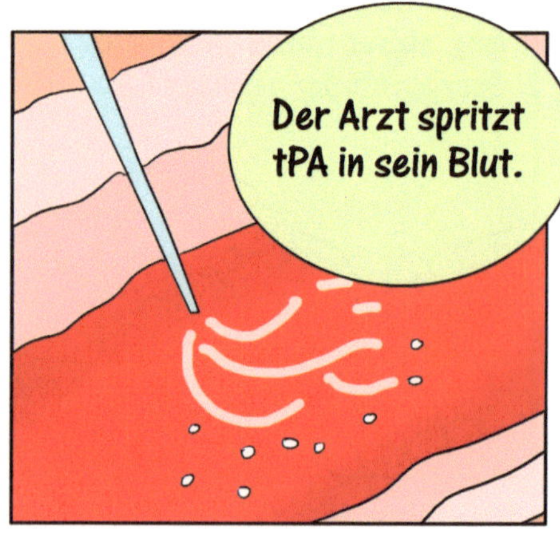

Der Arzt spritzt tPA in sein Blut.

Prinzessin, ich kann tPA sehen, also ein Enzym, das jetzt in das Blutgefäß gelangt.

tPA (Tissue Plasminogen Activator) gewebespezifischer Plaminogenaktivator wird gentechnisch hergestellt.

Es ist exakt wie ein menschliches Enzym.

tPA aktiviert zuerst ein anderes Enzym im Blut, das Plasmin.

Das Plasmin spaltet das klumpende Protein Fibrin sehr schnell in der Herzarterie.

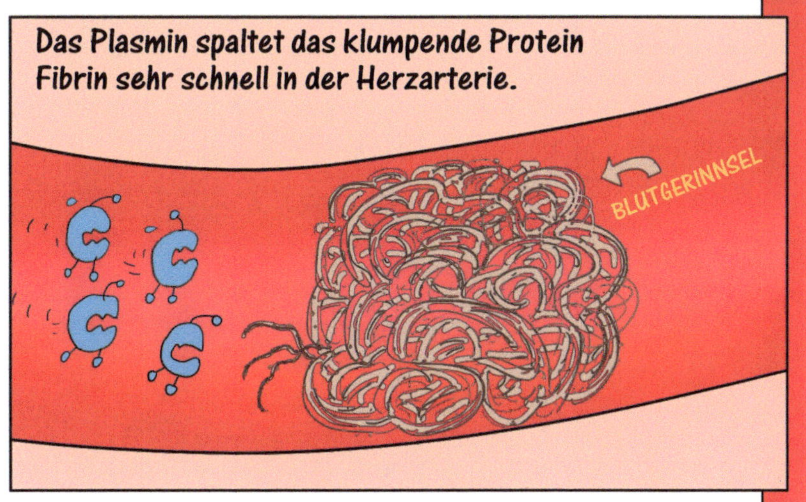

Plasmin löst die Verklumpung auf.

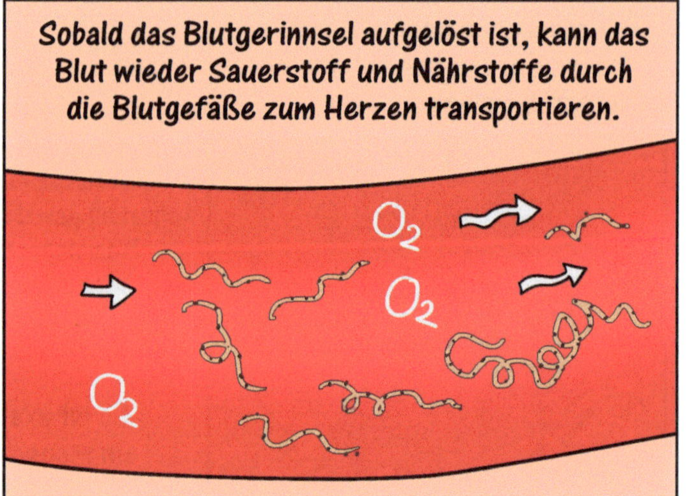

Eine Woche später

Hallo Papa, wie war deine Reise nach Übersee?
Sehr gut, danke!

Papa, dein Schnelltest ist wirklich sehr nützlich! Der Arzt konnte sofort die richtigen Maßnahmen ergreifen und Onkel Georges Leben retten.

Oh!

WICHTIG

Ei ... ja ... Ich spüre eine gewisse Enge in meiner Brust.
Oh! Es wird doch kein Herzinfarkt sein!

Nein, keine Angst.
Nur diese Stapel voller Arbeit stressen mich.

Papa, ich kann dir nur empfehlen, genau wie tPA und Plasmin zu arbeiten.

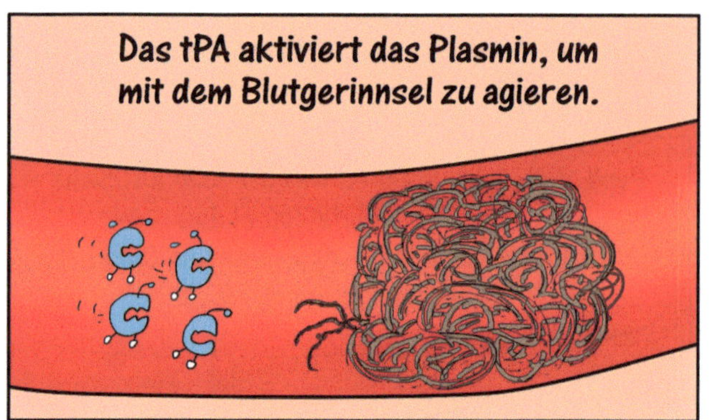

Das tPA aktiviert das Plasmin, um mit dem Blutgerinnsel zu agieren.

Das Plasmin zerlegt dann Stück für Stück die Verklumpung.

Am Ende hat sich das Blutgerinnsel aufgelöst.

Die brauchst nur stetig an deinen Akten arbeiten und nach und nach hast du den Stapel abgebaut.

Danach fühlst du dich richtig gut..
Großartig, Biola, man kann doch tatsächlich von den Enzymen lernen.

Ich mach' es jetzt genau wie das tPA.
Ruf' bitte alle Mitarbeiter in mein Büro.

Papa, ich würde so gern mehr über den Test erfahren.

Warum erzeugen die Bluttropfen zwei rote Linien im Testgerät?
T C

Gut, um genau zu sein, werden die zwei roten Linien von Nano-Gold erzeugt.

Wie bitte?! Gold?
Sobald Bluttropfen auf dem Test sind ...

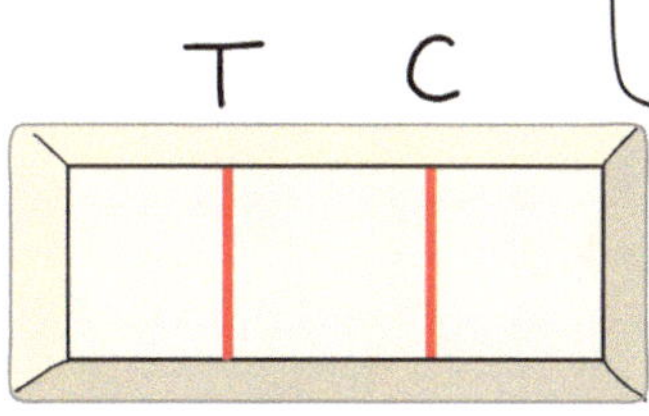

...und zwei rote Linien erscheinen, bedeutet das: HERZINFARKT!
Aber diese zwei roten Linien sind wirklich Gold?
T C

Papa, bitte erzähl mir mehr darüber ....
Entschuldige, Biola, aber ich muss mich erst um meine Akten-verstopfung kümmern.
Guten Tag, Majestät ...
Nun gut, ich kann auch Prof. Nanoroo fragen.

Wie funktioniert der Herzinfarkt-Test?

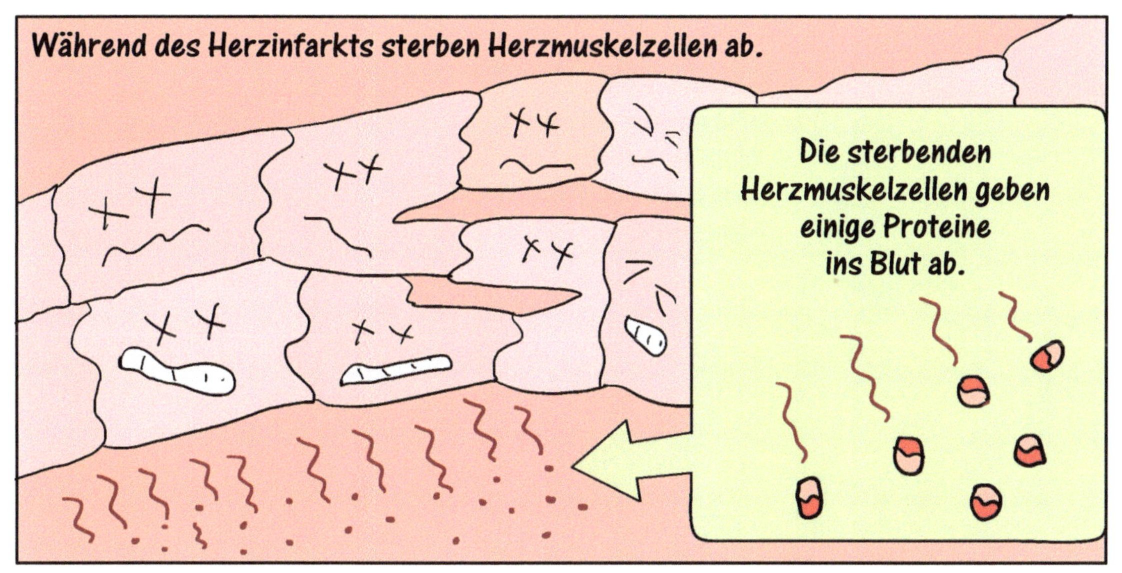

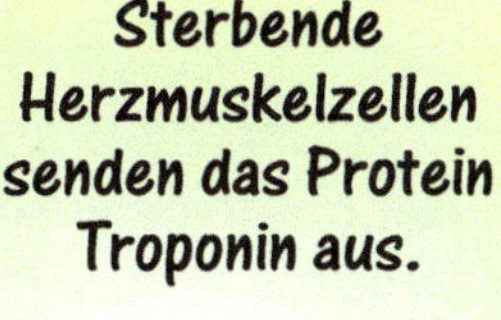

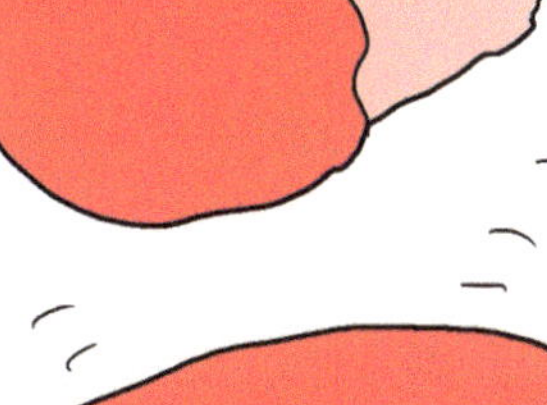

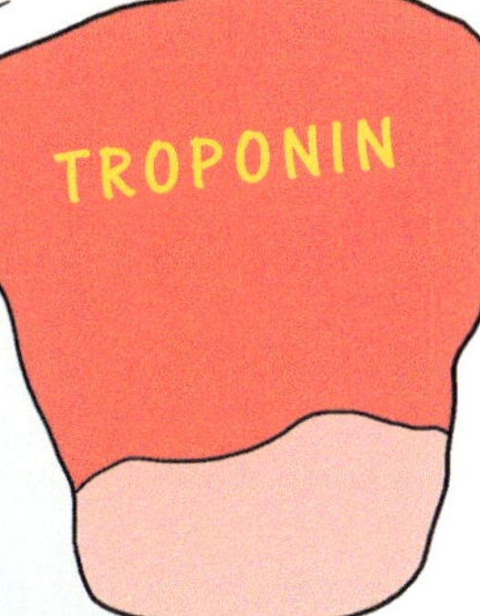

Troponine sind große Proteine und werden schon seit Jahren gemessen.

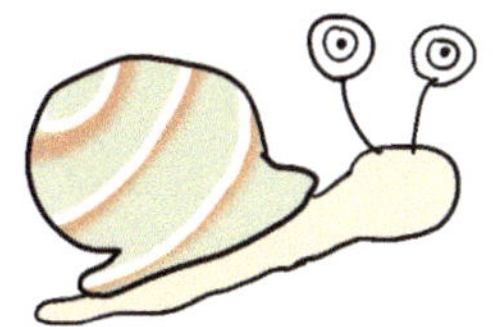

Ehe diese großen Proteine erkannt werden, liegt der Herzinfarkt schon mindestens eine halbe Stunde zurück.

Aber Zeit ist hier lebenswichtig.
Dieser neue Test hält nach viel kleineren Proteinen Ausschau.

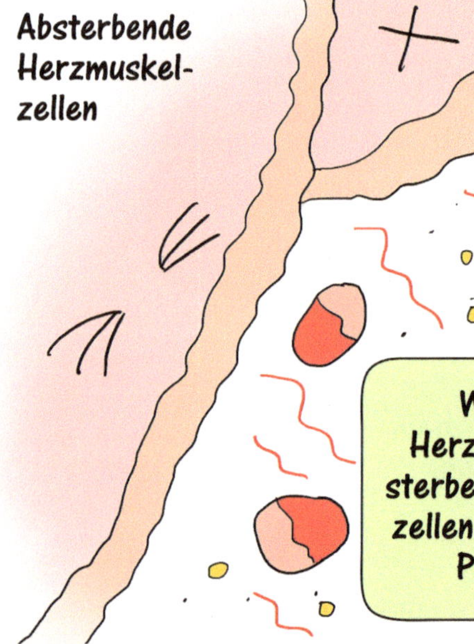

Absterbende Herzmuskelzellen
Während des Herzinfarkts setzen sterbende Herzmuskelzellen auch sehr kleine Proteine frei.

Diese sehr kleinen Proteine werden Fettsäure-Bindungsproteine, kurz FABP genannt.

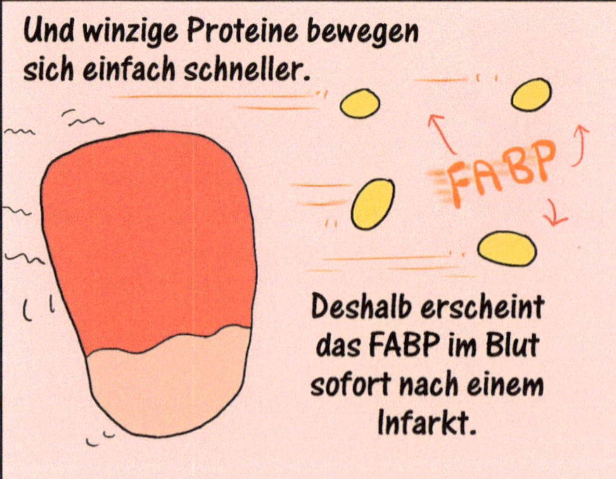

Und winzige Proteine bewegen sich einfach schneller.
FABP
Deshalb erscheint das FABP im Blut sofort nach einem Infarkt.

Der Immuntest zeigt das winzige FABP sehr schnell an.

Wie ist FABP nun zu erkennen?

Durch die Nutzung von Antikörpern!
Wir können nur eine einzige Sache: Wir greifen das FABP.

Die Wissenschaftler setzen die Antikörper auf einen speziellen Testpapierstreifen.

Die erste Gruppe der Antikörper werden "Detektoren" genannt..
Die Wissenschaftler versehen jeden Detektor-Antikörper mit Nano-Goldkugeln.

Aber mein Nano-Gold ist rot!
NANO-GOLD

Wir können FABP erkennen und an uns binden.
Und wir kümmern uns gar nicht um andere Proteine.

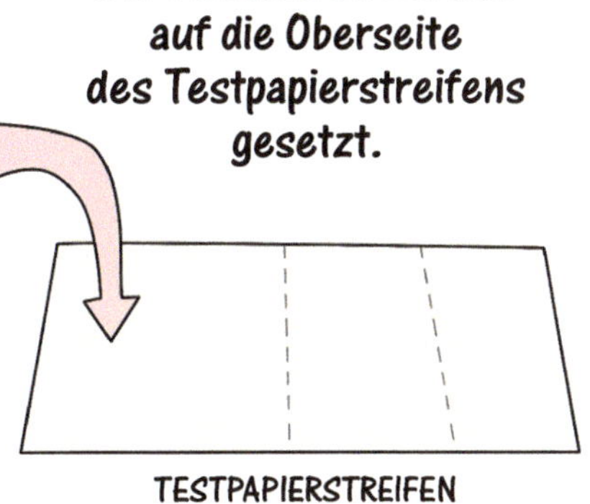

Die Detektoren werden auf die Oberseite des Testpapierstreifens gesetzt.
TESTPAPIERSTREIFEN

Ein Bluttropfen gelangt nun auf das trockene Testpapier ...

Die Detektor-Antikörper schwimmen im Blut durch das Papier hindurch.
Wir können FABP schon erkennen.

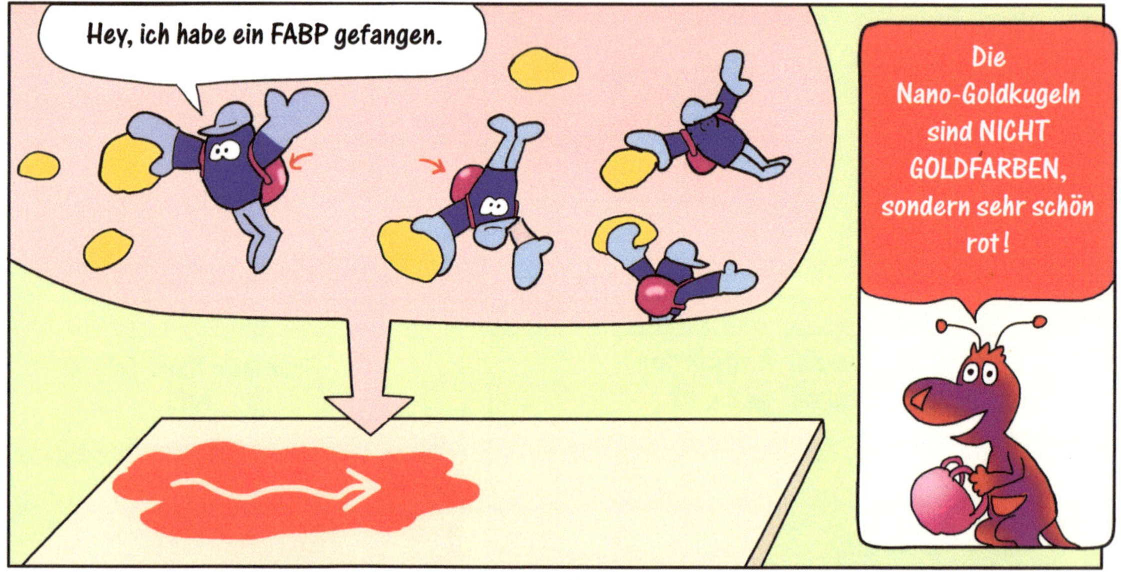

Hey, ich habe ein FABP gefangen.
Die Nano-Goldkugeln sind NICHT GOLDFARBEN, sondern sehr schön rot!

Während diese Detektoren nach dem FABP im Blut greifen, warten noch einige andere Anitkörper auf sie.

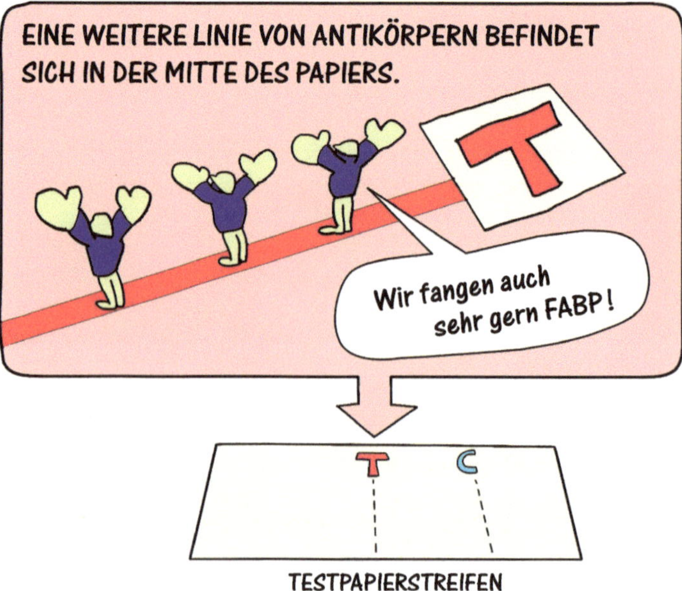

EINE WEITERE LINIE VON ANTIKÖRPERN BEFINDET SICH IN DER MITTE DES PAPIERS.
Wir fangen auch sehr gern FABP!
T
C
TESTPAPIERSTREIFEN

SCHWIMMEN
GREIFEN
FABP
Auch wir lieben FABP!
Die Antikörperlinie wird "Fänger" genannt.
Die Fänger-Antikörper sind auf der T-Linie fixiert.
Wow, wir bilden ein Sandwich!
DIESE LINIE WIRD VON FÄNGERN DES FABP GEBILDET.
FABP
Dank der roten Nano-Goldpartikel erscheint eine sehr deutliche rote Linie.
Die rote Linie auf T bedeutet, dass es einen Herzinfarkt gegeben hat.
T
C

Wenn kein FABP im Bluttropfen ist …

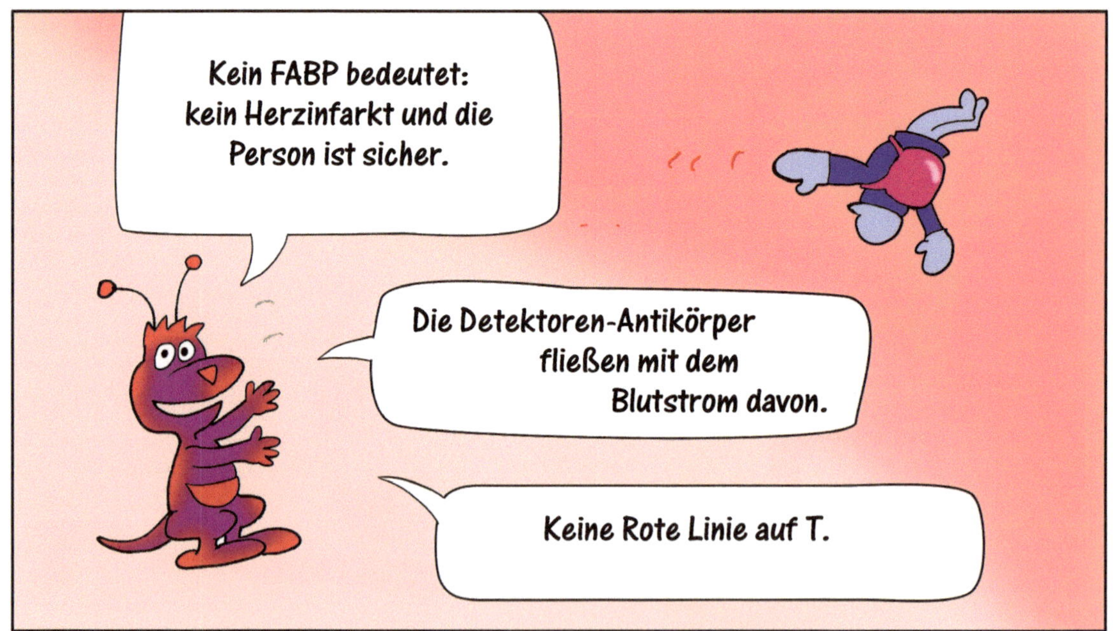

Aber es sollte eine rote Linie auf C sein, egal ob es ein Herzinfarkt war oder nicht.

Warum die rote Linie auf C ?

Es gibt noch eine weitere
Gruppe von
Fänger-Antikörpern.

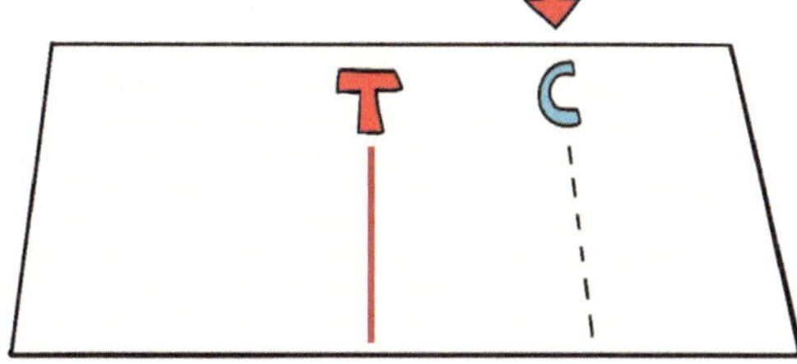

Nach dem Bluttest muss eine rote Linie
auf C erscheinen, ob es sich nun um
einen Herzinfarkt handelt oder nicht.

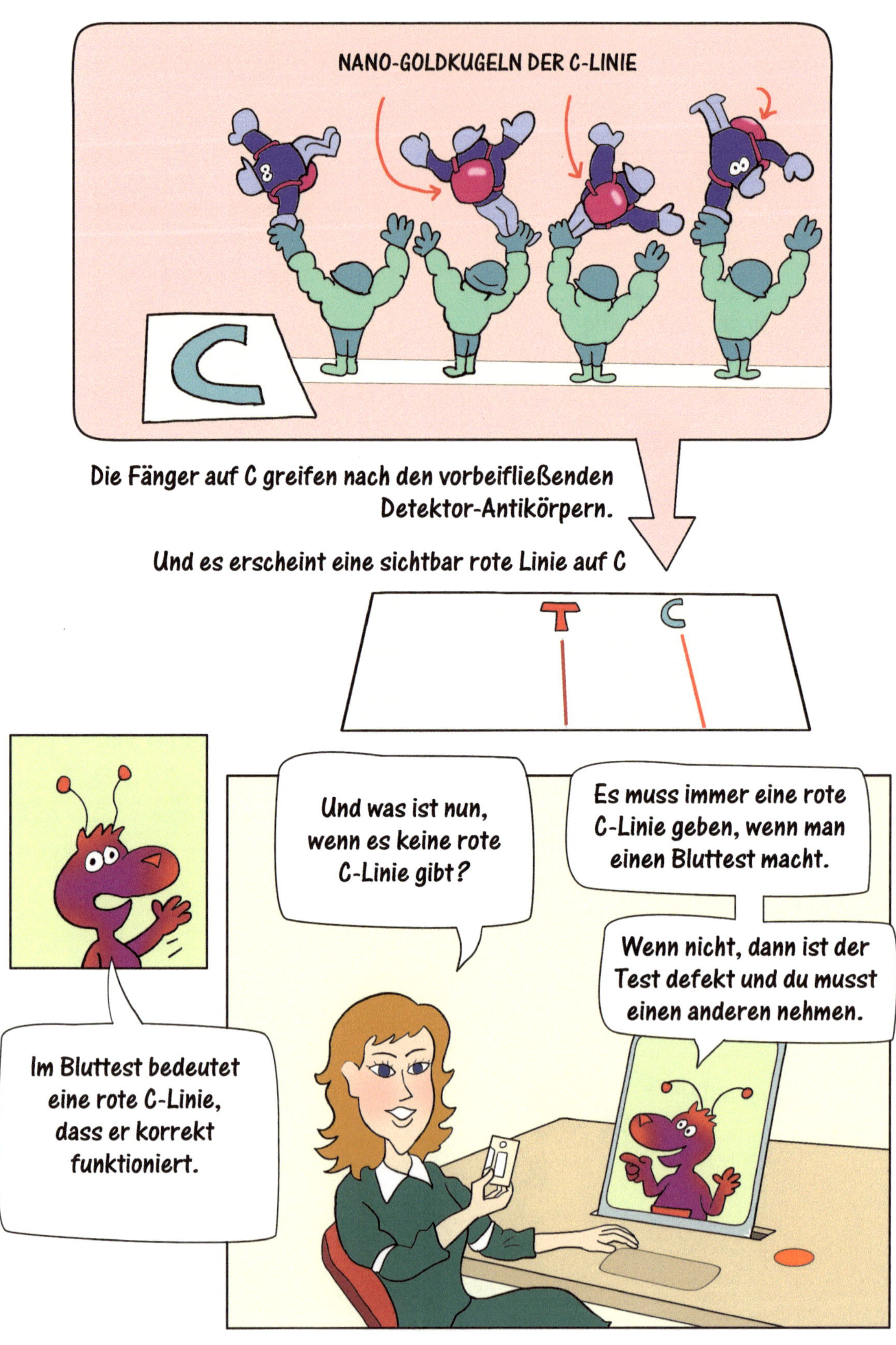
NANO-GOLDKUGELN DER C-LINIE
C
Die Fänger auf C greifen nach den vorbeifließenden Detektor-Antikörpern.
Und es erscheint eine sichtbar rote Linie auf C
T
C
Und was ist nun, wenn es keine rote C-Linie gibt?
Es muss immer eine rote C-Linie geben, wenn man einen Bluttest macht.
Wenn nicht, dann ist der Test defekt und du musst einen anderen nehmen.
Im Bluttest bedeutet eine rote C-Linie, dass er korrekt funktioniert.

Prof. Nanoroo,
vielen Dank, dass du mir dies
so gut erklärt hast!

Dieser Herzinfarkttest zeigt
sehr schnell einen Infarkt an
und hilft den Ärzten,
so früh wie möglich
zu handeln.

Mit verschiedenen
Antikörpern entwickeln
Wissenschaftler
Schnelltests für die
unterschiedlichsten
Krankheiten, zum Beispiel
Virennachweise.

Ich bin wirklich froh,
dass der Schnelltest
geholfen hat, das Leben
meines lieben Onkels
zu retten.
Es ist wichtig zu wissen,
dass die Menschen,
die man liebt,
in Sicherheit sind.

MEHR ÜBER BIOSENSOREN

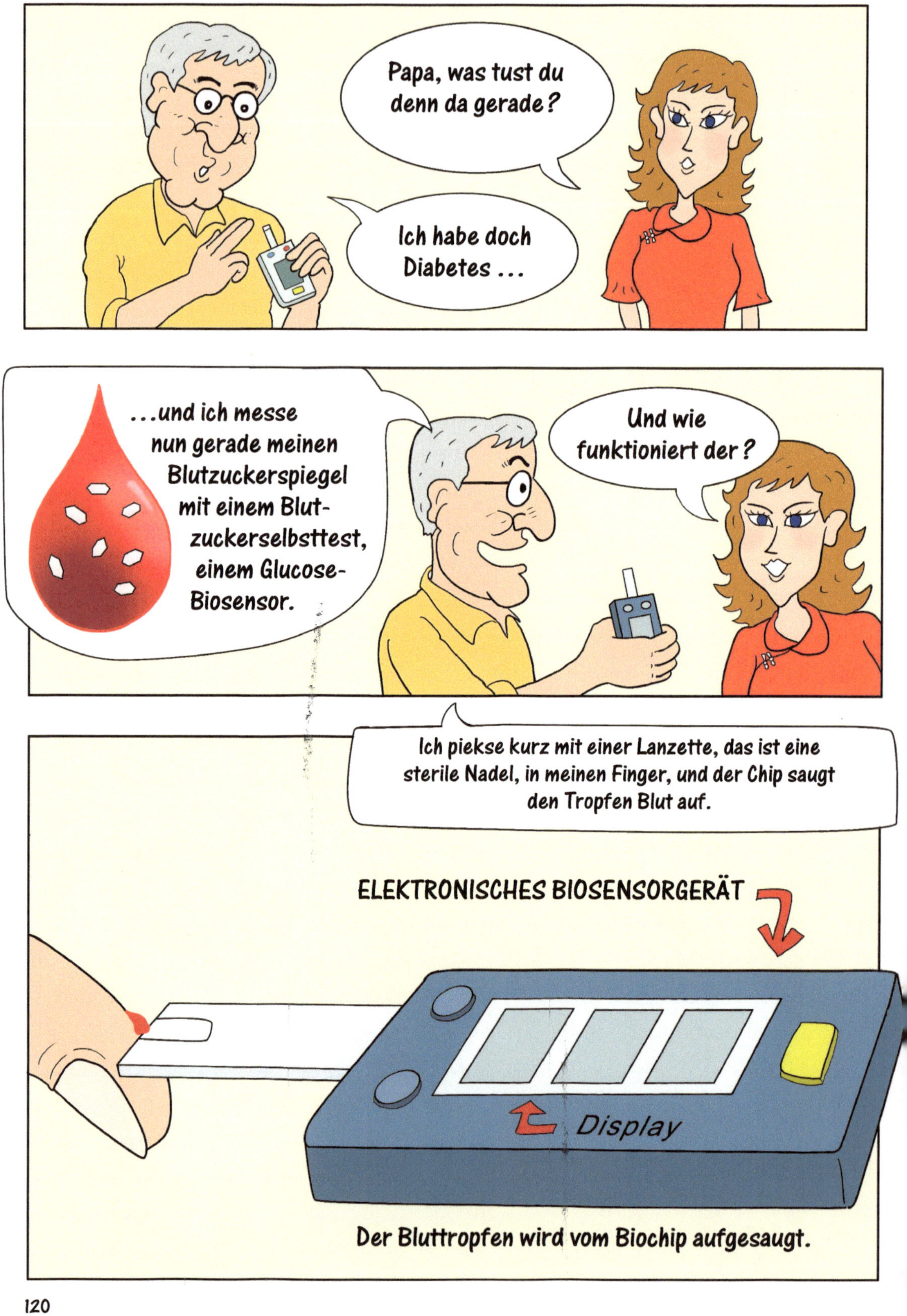

Der Bluttropfen wird vom Biochip aufgesaugt.

Verstehe, der Bluttropfen ist nun auf dem Biochip.
Aber woher „weiß" der BIOSENSOR, wieviel GLUCOSE sich im Blut befindet ?

Hei, Biosensor, wie misst du denn genau ?
Ich wünschte, ich wäre in Naroroos Raumkapsel und könnte sehen, was gerade mit dem Bluttropfen passiert.

In der Zwischenzeit...
Haha, wir haben Nanogröße und können so sehen, was hier vor sich geht ...
... wir schauen einfach zu, wie der Biosensor funktioniert.

Soll ich meinen eigenen Jet dafür nehmen ?
Nein, wir fliegen zusammen mit meinen Jet! Klar? Ich möchte dich nicht noch einmal verlieren!

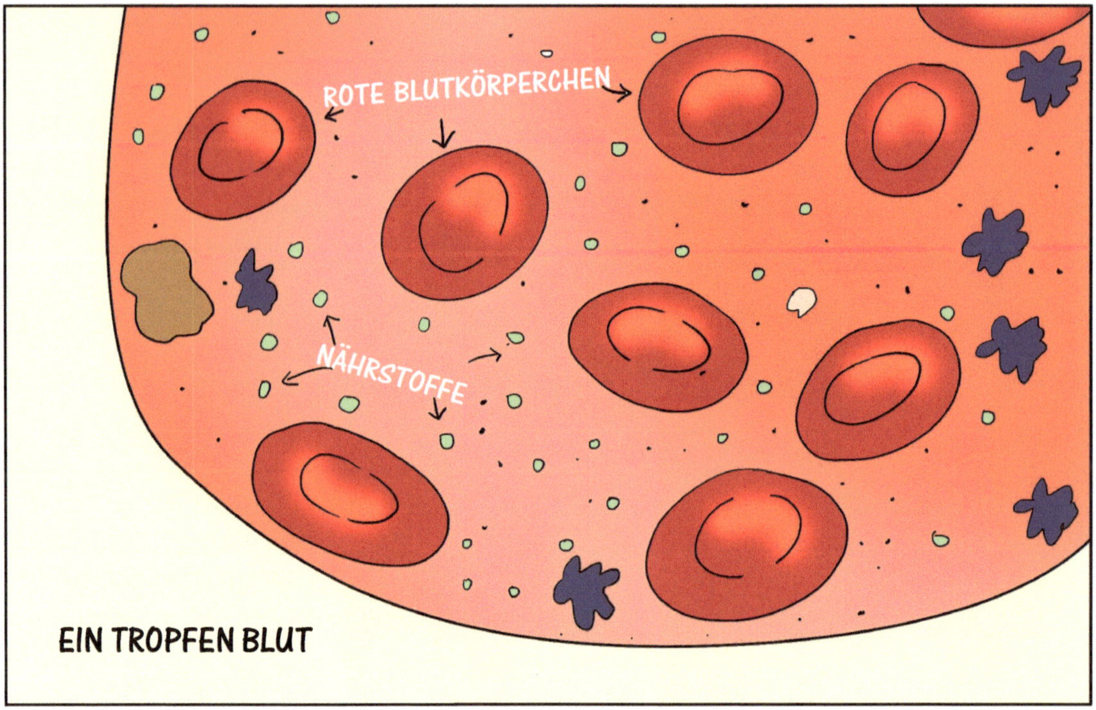

DieserTropfen frisches Blut enthält rote Blutkörperchen, Glucose, Fette, Aminosäuren, Proteine und andere Nährstoffe.

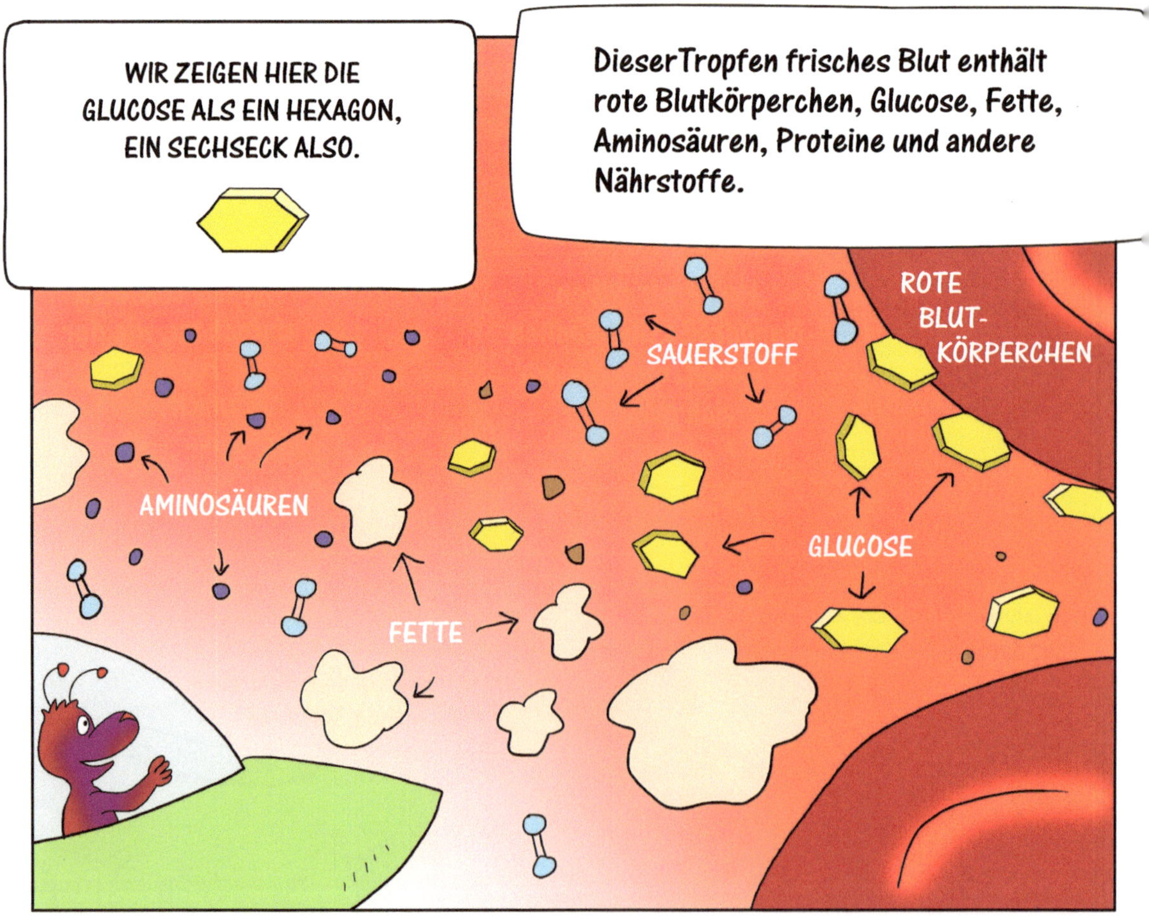

Das GOD-Enzym bindet leicht an Glucose.
Und somit hilft dieses Enzym beim Zählen?
Und wie wird nun dem Biosensor die Anzahl übermittelt?
GOD

Die Menschen sind so klug und nutzen einen Trick, damit das GOD-Enzym ein elektrisches Signal abgibt.

EIN ELEKTRISCHES SIGNAL?
GOD
Ich erkläre es Dir.

Wie misst man sie?
Nein, die schlauen Menschen nutzen Biosensoren, um sie zu zählen und damit zu messen.
Brauchen wir nicht jemanden, der die Anzahl der Glucosemoleküle zählt?

Die Menschen nutzen ein Enzym, die Glucose Oxidase (GOD) als Biosensor!
Du erinnerst Dich? Ich sagte Dir, Enzyme seien wie Nano-Bioroboter.
Enzyme arbeiten mit ihren aktiven Zentren

Das Glucose Oxidase-Enzym fängt...
Ich fange gern Glucose und Sauerstoff
SAUERSTOFF
GOD
GLUCOSE
GOD
Das ist das aktive Zentrum der GOD, wo die Nährstoffe verwertet werden.

Was ist der Trick?

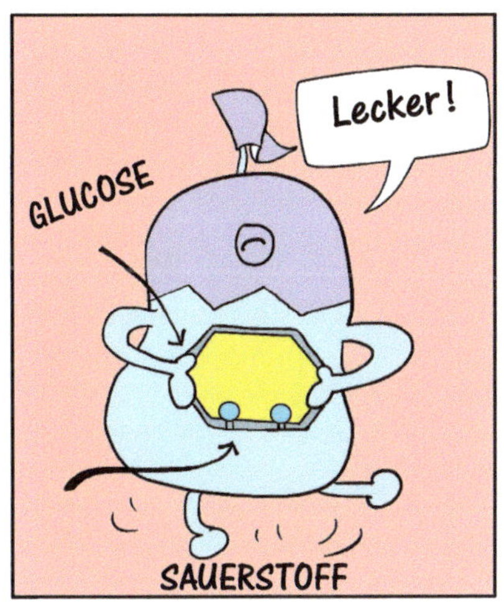

Jetzt kommt der Trick: Anstelle des Sauerstoffs geben die Menschen der GOD eine andere kleine Komponente, einen MEDIATOR. Und dieser ist positiv geladen.

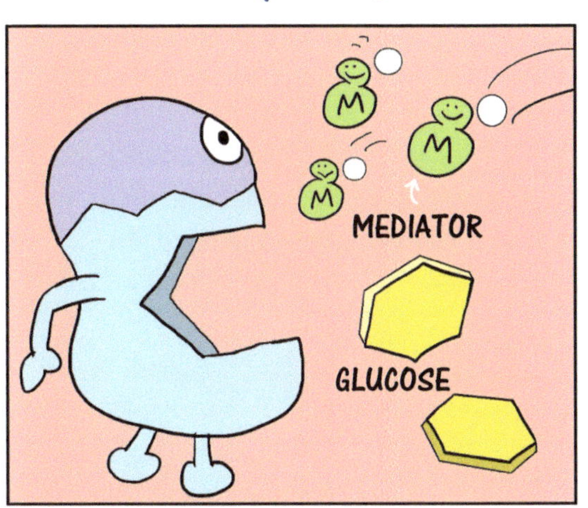

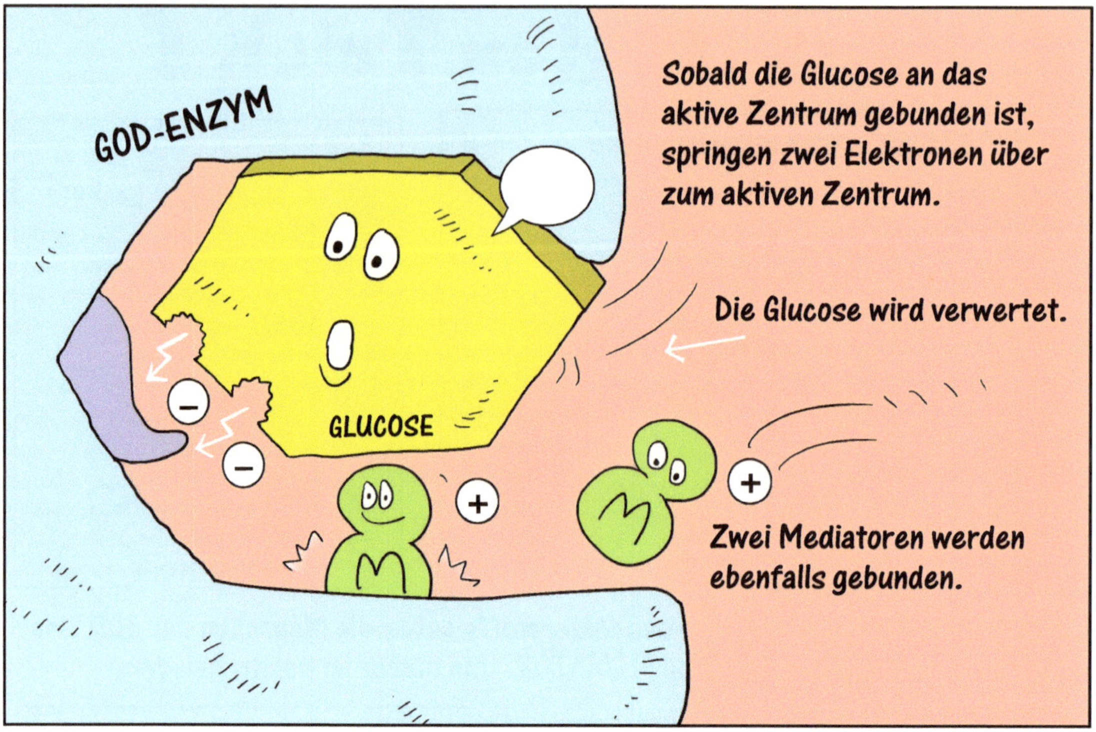

GOD-ENZYM
GLUCOSE
Sobald die Glucose an das aktive Zentrum gebunden ist, springen zwei Elektronen über zum aktiven Zentrum.
Die Glucose wird verwertet.
Zwei Mediatoren werden ebenfalls gebunden.

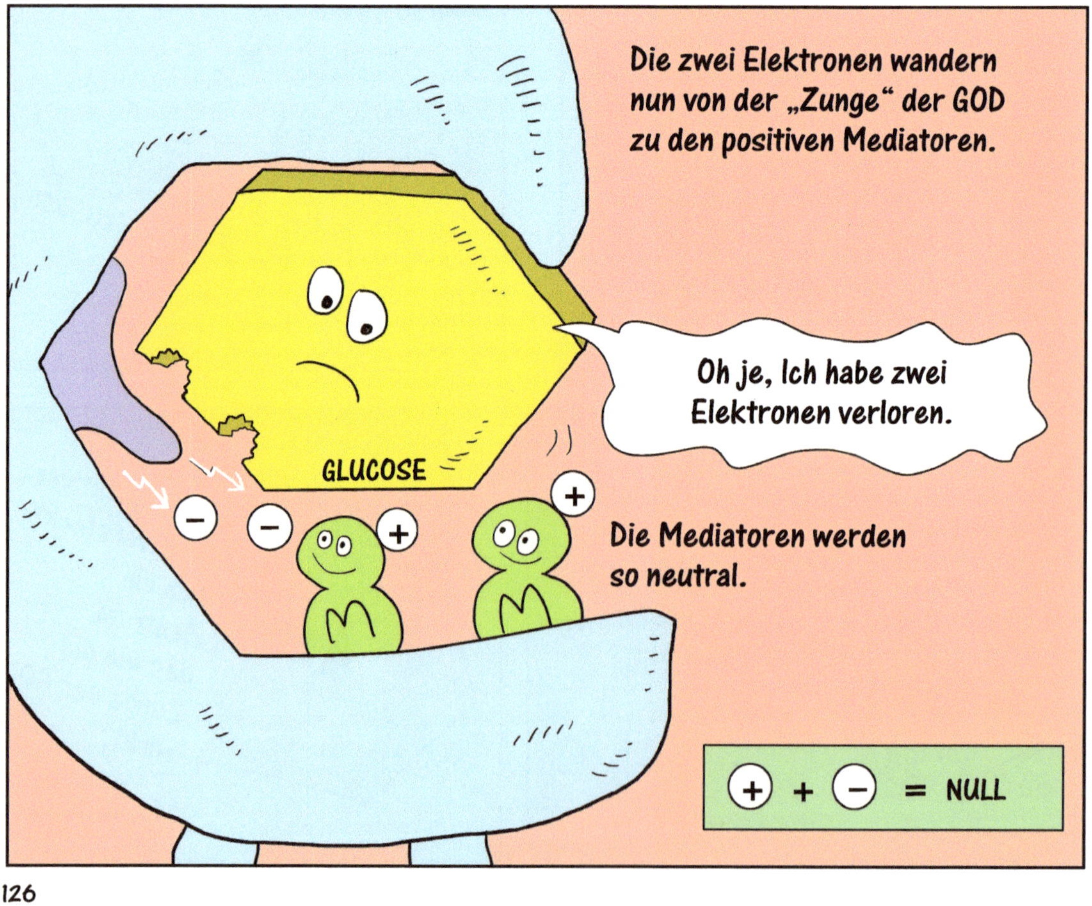

GLUCOSE
Die zwei Elektronen wandern nun von der „Zunge" der GOD zu den positiven Mediatoren.
Oh je, Ich habe zwei Elektronen verloren.
Die Mediatoren werden so neutral.
＋ + － = NULL

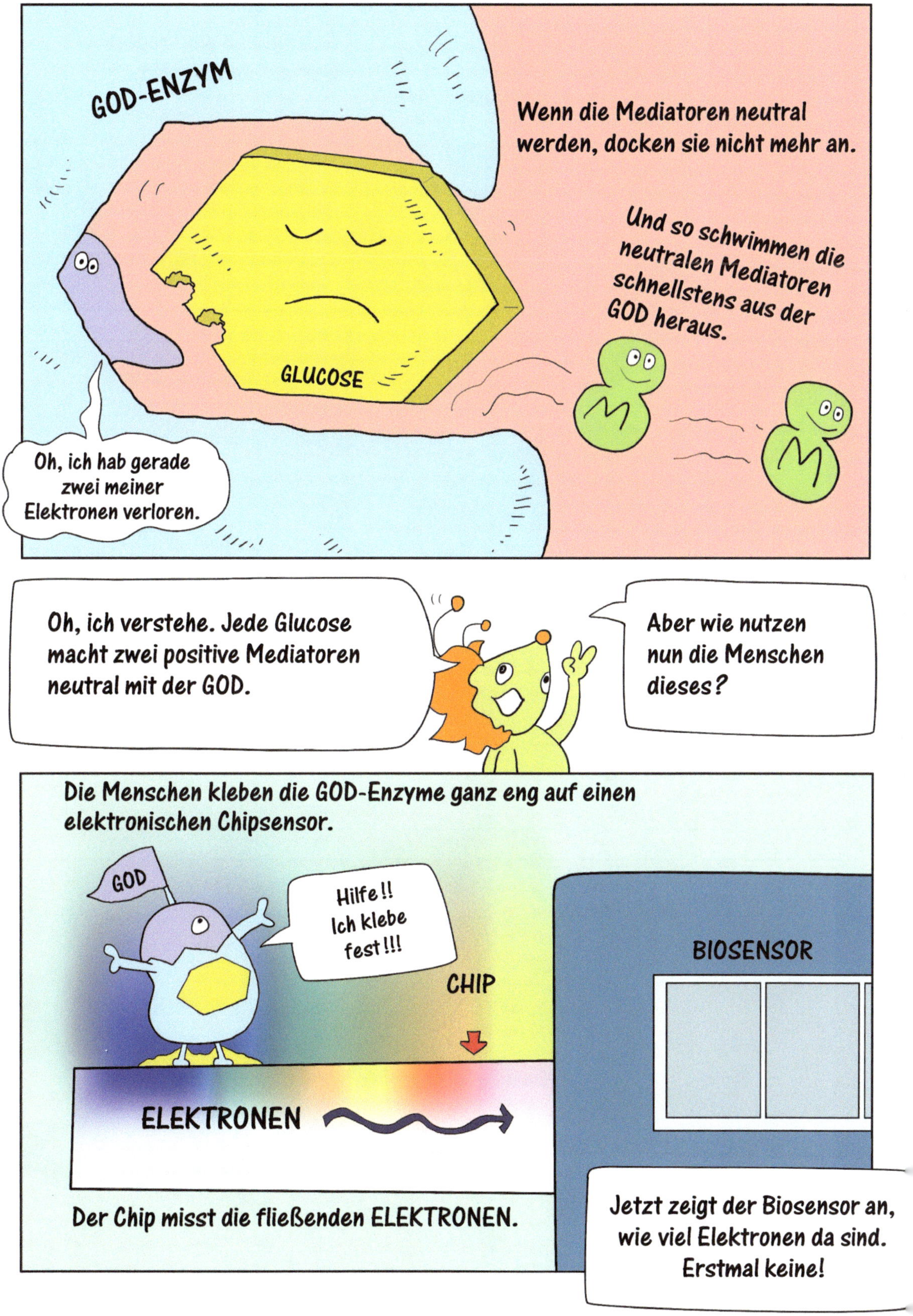

Die Menschen kleben die GOD-Enzyme ganz eng auf einen elektronischen Chipsensor.

Der Chip misst die fließenden ELEKTRONEN.

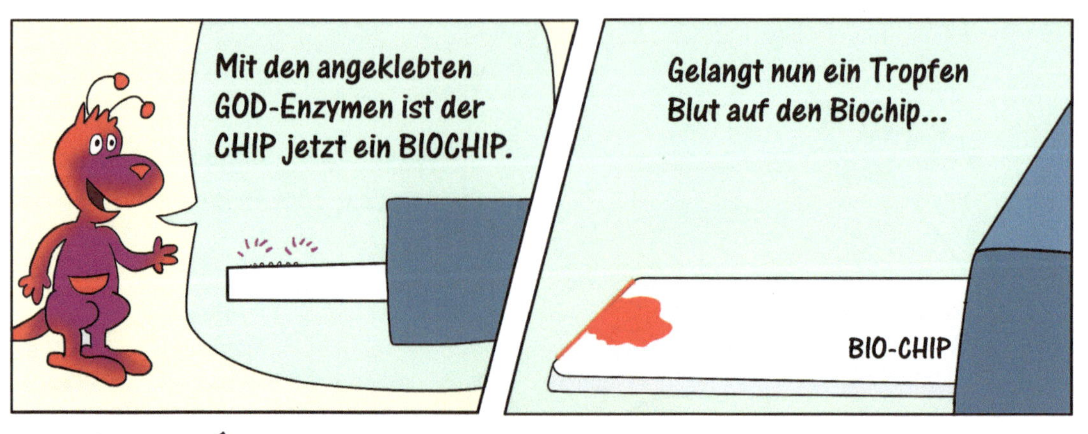

Mit den angeklebten GOD-Enzymen ist der CHIP jetzt ein BIOCHIP.
Gelangt nun ein Tropfen Blut auf den Biochip...
BIO-CHIP

... freut sich die GOD: Hurra Futter, hier kommt endlich Glucose!
GLUCOSE
Die Menschen positionieren Mediatoren M+ auf dem Chip, wo sie nun sitzen und warten.
Wir sind überhaupt nicht gern gesehen, sondern die Mediatoren!
Sauerstoff wird verschmäht
BIO-CHIP

GLUCOSE
Wie schon gezeigt, bindet das GOD-Enzym eine Glucose.
Die aktive Seite der GOD reißt zwei negative Elektronen aus der Gluksoe heraus.
Und zwei positive Mediatoren wandern ebenfalls in das aktive GOD-Zentrum.

Glucose ist nun auch umgewandelt.
Die positiven Mediatoren werden neutral und wandern wieder heraus.
Sie landen auf dem CHIP und jeder verliert ein Elektron an den CHIP.
Elektronen fließen auf dem Biosensor.
BIO-CHIP
Fließend

Die Glucose jedoch, nachdem sie zwei Elektronen eingebüsst hat, wird nicht etwa doppelt von der GOD gezählt.
Der Biosensor zählt nun die Anzahl der Elektronen. Jede Glucose liefert zwei Elektronen.

Der Biosensor zeigt an, wie viele Elektronen vom Chip auf-
genommen werden.

IM BLUTTROPFEN:

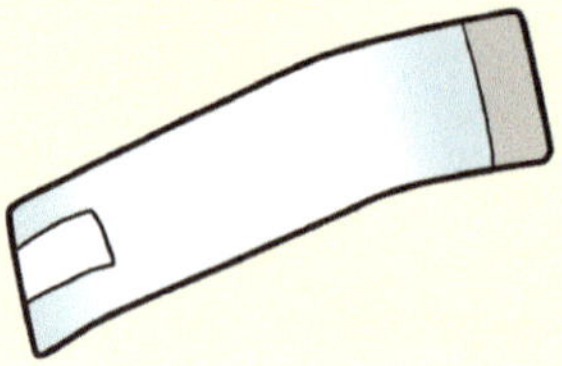

1) Keine Glucose

2) Normal viel Glucose

3) Zu viel Glucose

Biochips können nur einmal verwendet werden,
um Ansteckungen zu vermeiden.

ENDLICH ZURÜCK IN DER GROSSEN WELT, IN DER MAKROWELT.
Welch großartige Innovation.
Ich habe sogar gehört, dass BIOSENSOREN nicht nur bei DIABETES eingesetzt werden, sondern sie können auch die FITNESS von SPORTLERN messen …
mit Laktattests.

…und die Fitness von Pferden,
UM REICH ZU WERDEN!
W
ICH BRAUCHE MEHR TASCHENGELD!

Ja ja, Prinzessin, nicht immer gewinnt das fitteste Pferd. Das ist wie im menschlichen Leben …

Ja, wenn zum Beisipiel ein leichtsinniger Jockey auf einem guten Pferd sitzt …

… und sie dann für Rennen gesperrt werden.

BIOSENSOREN *für Glucose und Infarkt*

Enzyme messen Glucose im Blut

In jeder Drogerie und jeder Apotheke kann man heute zuverlässige und schnelle Glucose-Biosensoren kaufen. **Wie funktionieren diese Biosensoren?**

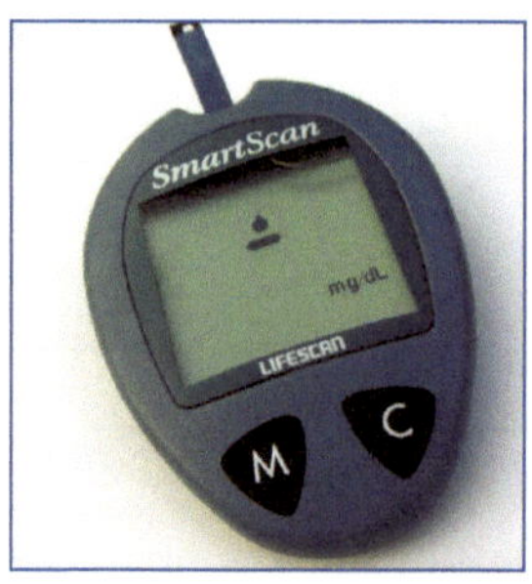

Sie sind für den **Patienten-Selbsttest von Glucose im Blut** konstruiert.

Ein elektronisches Taschengerät zeigt den Glucose-Wert digital auf einem Display an.

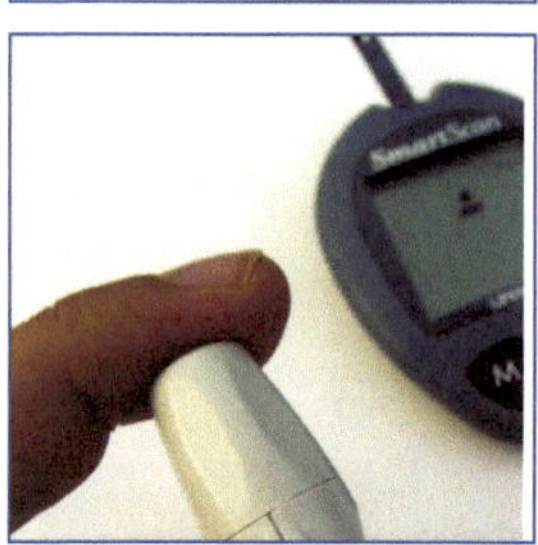

Ein **Wegwerf-Biochip** wird dazu in das elektronische Gerät gesteckt. Der Biochip wird dabei **nur ein einziges Mal verwendet**, um Infektionen durch das Blut anderer Patienten (Hepatitis oder noch schlimmer: AIDS) zu vermeiden. Außerdem macht der Produzent dabei ein riesiges Geschäft, denn man muss für jede Messung einen neuen Chip kaufen.

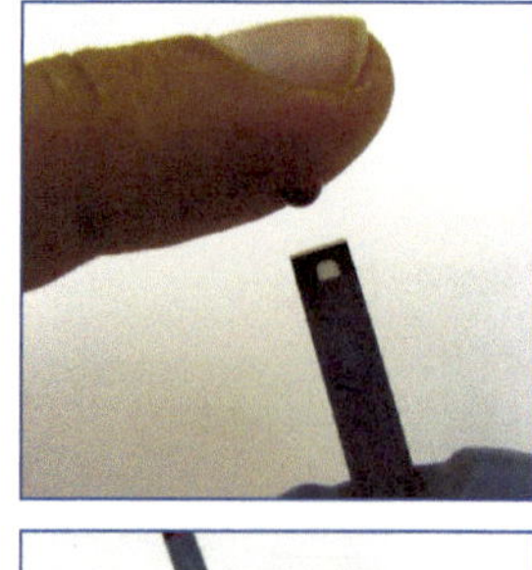

Der Biochip trägt ein **Enzym auf der Oberfläche** gebunden, die Glucose Oxidase (GOD). Außerdem sind **chemische Mediatoren** (M+) auf der Chip-Oberfläche gebunden.

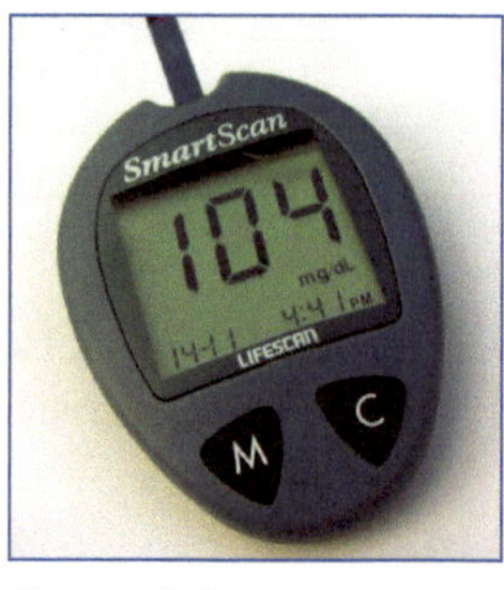

Glucose-Selbsttest:
Wie man schnell und sicher
Glucose selbst bestimmt.
Der Glucosewert von
104 mg/dL (oder 5,6 mmol/dL)
ist normal.

Sie ersetzen den Sauerstoff (O_2). Sauerstoff braucht die GOD in der Natur, um Glucose zum Produkt umzuwandeln.

Nun sticht man mit einer **automatischen Lanzette** in den Finger. Eine Nadel schießt blitzschnell hervor, ein Blutstropfen bildet sich. Den Biochip hält man an den Blutstropfen. Über Kapillare wird das Blut auf den Biochip gesaugt.

Nun dringen Glucose und der positiv geladene Mediator (M+) in die GOD ein. Glucose überträgt zwei negative Elektronen auf die GOD. Die GOD leitet sie auf zwei Mediatoren, die daduch neutral werden (positiv+ negativ=NULL Ladung).

Die neutralen Mediatoren (M) verlassen dann die GOD und gelangen an die auf den Chip aufgedruckten Elektroden.

Hier geben sie ihre gespeicherten Elektronen ab, Strom fließ. Sie werden wieder positiv (M+) und werden erneut verwendet.

Der Strom ist nun direkt proportional den neutralen Mediatoren und diese zu der Glucose-Konzentration. Je mehr Glucose im Blut, desto mehr (M), umso mehr fließender Strom, der auf dem elektronischen Display angezeigt wird. Die Biochips sind vorher vom Produzenten kalibriert worden.

Eine volle Glucose-Messung mit Biochip dauert nur wenige Minuten.

Erstmals in der Geschichte sind nur Proteine und Elektronik zur Bioelektronik verbunden.

Biosensoren sind ein wahres Meisterstück der Biotechnologie!

Biotest für Herzinfarkt

Herzinfarkte beginnen sehr oft mit **Unwohlsein und starkem Druckgefühl auf der Brust**. Der linke Arm wird danach taub. Der Arzt macht dann ein Elektrokardiogramm (**EKG**). Nicht immer ist das aber ausreichend für die exakte Diagnose eines Herzinfarktes. Man braucht zusätzliche Biotests!

Beim Infarkt blockiert ein Blutpfropfen (Thrombus) die Blutgefäße zum Herzen. Sauerstoff und Nährstoffe versorgen das Herz nun nicht mehr. Die Herzzellen beginnen zu sterben und geben dabei Teile des Inhaltes der Zellen (vor allem Eiweiße) in das Blut ab. Der von uns entwickelte Biotest für Herzinfarkt benutzt spezielle Antikörper gegen ein winziges Protein (Eiweiß) aus dem Herzen.

Das **sehr kleine Fettsäure-Bindungsprotein** (**FABP**) wird schon Minuten nach dem Infarkt ins Blut abgegeben. Es ist wegen der geringen Größe viel schneller im Blut als andere Eiweiße und deshalb **ein toller Biomarker für Herzinfarkt**.

Wenn das FABP im Blut erscheint, heißt das:„SOS! Herzinfarkt!"

Anders als Glucose kann man FABP aber nicht mit einem Enzym nachweisen.

Der Biotest funktioniert so:

Auf einem Papierstreifen werden **spezielle Antikörper** locker und trocken aufgebracht. Sie sind von Natur aus (wie alle Eiweiße) farblos und deshalb künstlich **ROT markiert** worden (mit Nano-Gold-Kugeln, das sieht wunderbar ROT aus!).

Ein Tropfen Blut mit FABP fällt nun auf die Papierstreifen. Das Papier wirkt wie Löschpapier und saugt und transportiert dann Flüssigkeiten und alles, was darin gelöst ist, kapillar.

Das FABP bindet sich sofort an die Antikörper. Diese sitzen auf den roten Nano-Kugeln. Zusammen „schwimmen" sie zu anderen Antikörpern gegen FABP, die fest am Papier gebunden sind.

Alle bilden nun in der Mitte des Streifens ein **SANDWICH**, das ROT gefärbt ist.

Das FABP ist Teil des Sandwiches. Je mehr FABP im Blut ist, desto mehr Sandwich bildet sich, das ROT wird umso intensiver.

Wenn kein Infarkt vorliegt, bildet sich dagegen kein Sandwich ... kein roter Streifen im Biotest!

So sieht man in wenigen Minuten, ob ein Herzinfarkt passiert oder nicht.

Der Biotest hat auch mein eigenes Leben gerettet (RR). SUPER!

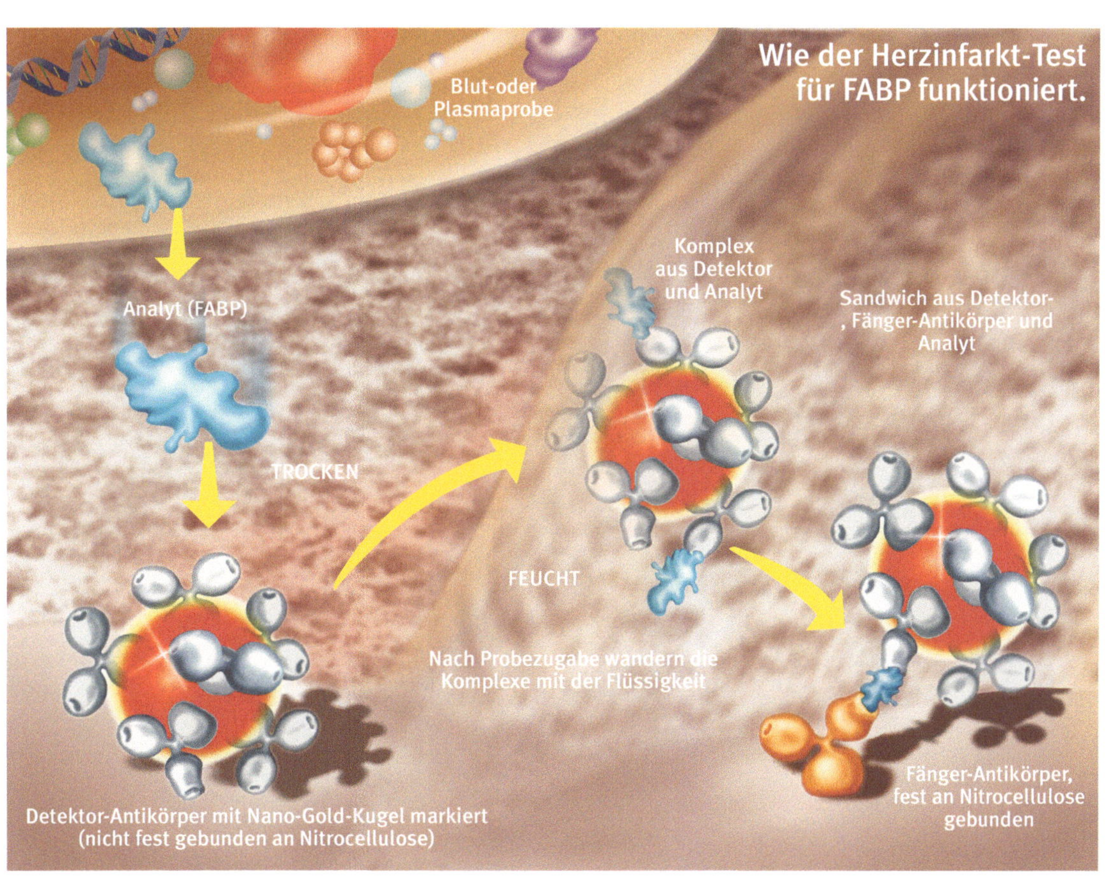

Moderne Landwirtschaft und Biotechnologie

Gemüse und Obst sind sicher sehr gesund, aber nicht, wenn sie Rückstände von Pestiziden beinhalten.

Man muss sie gründlich unter klarem Wasser waschen und reinigen.
Einige Pestizide, die sich in Pflanzenzellen befinden, lassen sich nicht abwaschen.

In einigen Ländern setzen Bauern sogar verbotene Pestizide wie DDT beim Pflanzenanbau ein.

Warum kann man sie denn nicht ganz verbieten?
Es gibt wirklich große Probleme mit der Sicherheit von Nahrungsmitteln in diesen Ländern.

Dieses Problem sollte doch zu lösen sein! Nahrungsmittelproduktion, aber ohne den Menschen zu schaden!

Insektizide töten bekanntlich Schädlinge ab, und wer Schädling ist, bestimmen WIR!

Aber Insektizide töten auch andere nützliche Insekten.

Und fügen anderen Tieren wie Vögeln und Fischen erheblichen Schaden zu.

NAHRUNGSKETTE
fettlösliche Insektizide
INSEKTEN
PLANKTON
Winzige Mengen ...
... werden aufge-nommen, im Fett gespeichert...
...und dann hochkonzentriert verzehrt.

Insektizidhaltige Lebensmittel rufen gesundheitliche Probleme hervor.

Können unsere Nahrungsmittel frei von Insektiziden und unerwünschten Chemikalien sein?

Ich frage Prof. Nanoroo

Professor, ich mache mir große Sorgen über die Auswirkungen von Insektiziden in unseren Nahrungsmitteln.
Oh, dazu habe ich schon zuvor einiges erforscht.
Prinzessin, Ihr Menschen habt schon die GENTECHNISCHE PFLANZEN-PRODUKTION, bei der KEINE Insektizide eingesetzt werden müssen.

Solche Pflanzen können Schädlinge von selbst abtöten.

Pflanzen, die ihre Feinde einfach selbst vernichten können?

Pflanzen, die ihre Schädlinge vernichten

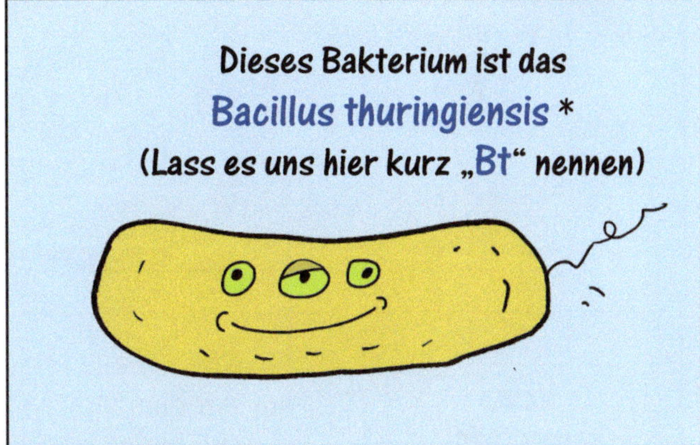

* Dieses Bakterium wurde in Thüringen, Deutschland, entdeckt.

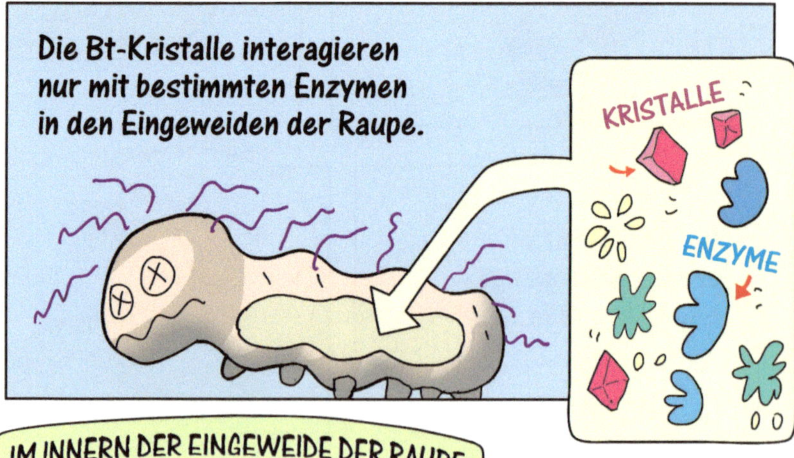

Raupenenzyme
aktivieren
die Kristalle,
die dann die Raupe
abtöten.

Solche Enzyme kommen im menschlichen Körper gar nicht vor, deshalb schadet das Bt-Kristall den Menschen überhaupt nicht.

Schon seit Jahren besprühen die Menschen Ihre Felder mit Bt-Mikroben.
...und haben keine Probleme!

Wir Bt-Bakterien helfen den Menschen, die Schädlinge in der Landwirtschaft unter Kontrolle zu halten.
Leider wird Bt schnell durch Sonnenein-strahlung abgebaut! Und es erreicht normalerweise nicht die Pflanzenwurzeln. Also es verschwindet quasi!

Nun überlegen die Menschen, warum sie nicht das BT-Gen direkt in die Pflanze einsetzen sollten.

Denn wenn die Pflanze Bt-Kristalle bilden würde, tötet sich jeder Schädling, der ihre Blätter frisst, von selbst! Genial!

Man muss die DNA der Pflanzenzellen verändern!

Wie wird das kristallproduzierende Gen des Bt-Bakteriums in die Pflanzenzelle geschleust?

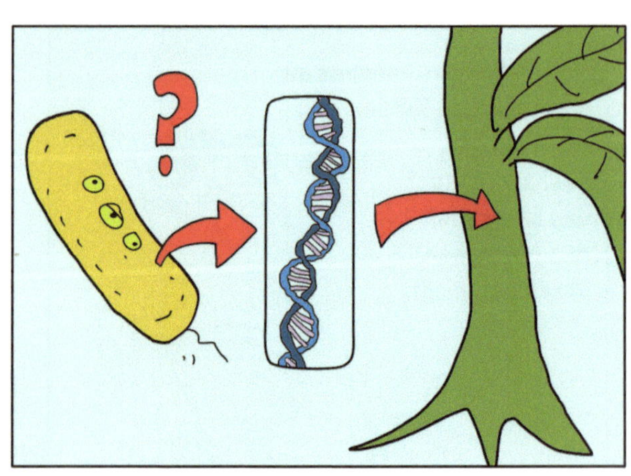

Die Menschen entdeckten einen natürlichen Weg des Gentransfers bei Pflanzen.

Agrobacterium lebt im Boden und verursacht Krebs an den Wurzeln von Pflanzen.
TUMOR
PFLANZENWURZELN
Agrobacterium arbeitet so speziell, dass es sein Plasmid in Pflanzenzellen schleust ...
Pflanzenzelle

... und sie für seine Zwecke umprogrammiert
Pflanzenzelle

Wie ein Agent, der deinen Computer hackt.
Böser Junge!

Oh! Agrobacterium hat meine DNA verändert und einen Tumor verursacht.
Ich bin ein Spitzenagent, Agro 007!
Und die Menschen nutzen mich als ihren Spezialagenten für die Schädlings-bekämpfung.
Aber nenn mich hier besser "Agent Agro"!

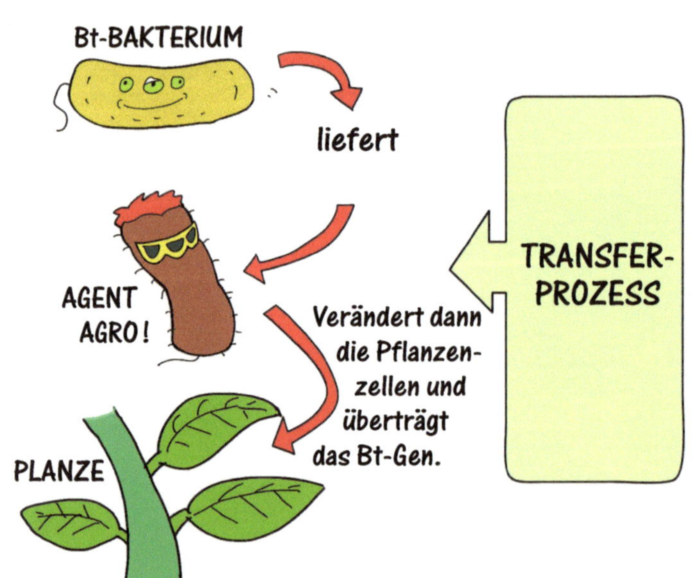

Bt-BAKTERIUM
liefert
AGENT AGRO!
PLANZE
Verändert dann die Pflanzen-zellen und überträgt das Bt-Gen.
TRANSFER-PROZESS

Ich erinnere mich an die Methode der Insulinproduktion in Bakterien...
Ist dies so etwas ähnliches?

Es ist auch wieder ein Trojanisches Pferd für Pflanzen.

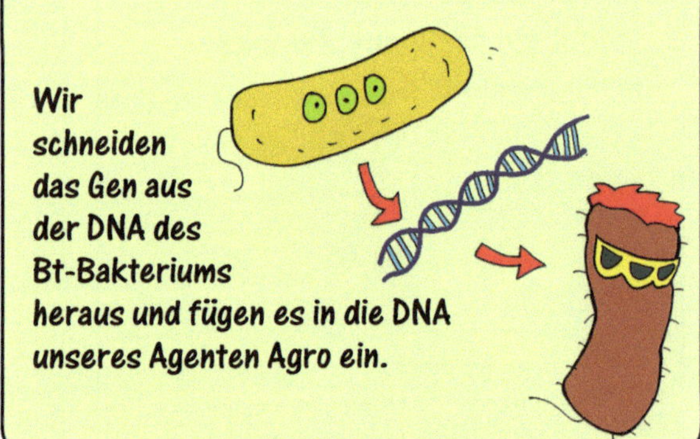

Wir schneiden das Gen aus der DNA des Bt-Bakteriums heraus und fügen es in die DNA unseres Agenten Agro ein.

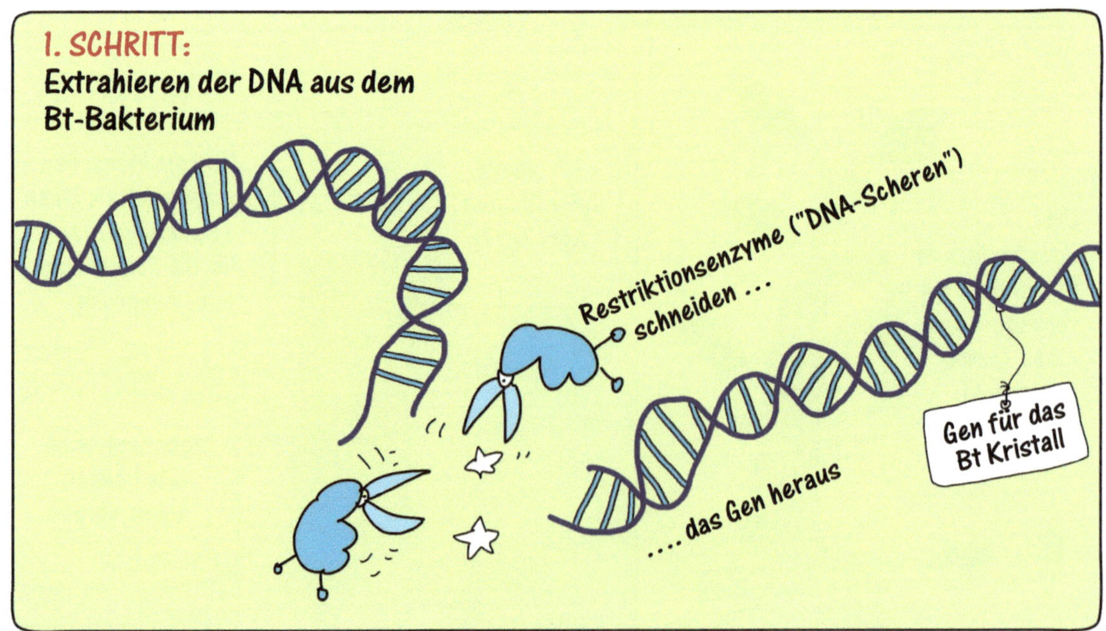

1. SCHRITT:
Extrahieren der DNA aus dem Bt-Bakterium
Restriktionsenzyme ("DNA-Scheren")
schneiden ...
... das Gen heraus
Gen für das Bt Kristall

2. SCHRITT:
Zur selben Zeit erhalten wir ein Plasmid aus dem Bakterium Agent Agro

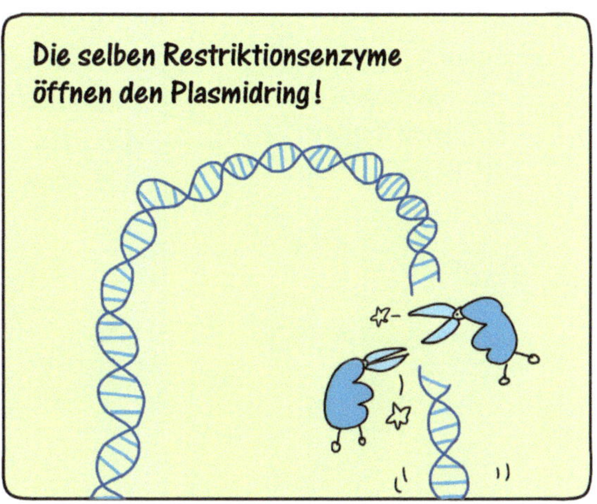

Die selben Restriktionsenzyme öffnen den Plasmidring!

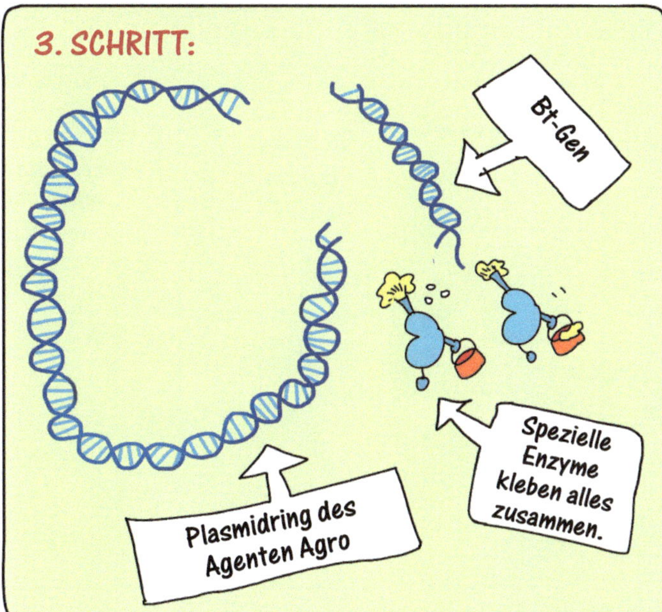

3. SCHRITT:
Bt-Gen
Plasmidring des Agenten Agro
Spezielle Enzyme kleben alles zusammen.

Kleb-Enzyme bei der Arbeit.

4. SCHRITT:
Das neue Plasmid mit der Bt-Information
Das veränderte Plasmid wird wieder in den Agenten Agro eingesetzt.
Ha! Ich bin ein Trojanisches Pferd!

Oh, neue Informationen!

Agent Agro wird sich vervielfachen und Tausende Kopien des Bt-Gens entstehen.

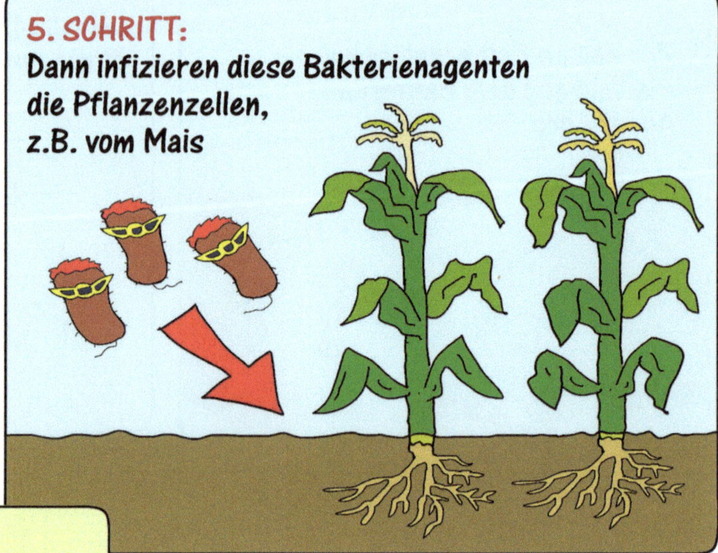

5. SCHRITT:
Dann infizieren diese Bakterienagenten die Pflanzenzellen, z.B. vom Mais

Agent Agro schleust seine Plasmide in die Pflanzen-DNA ein.
MAISZELLE

Oh, fühlst Du das auch?
Wir sind offenb. vom Agenten Ag manipuliert worden!
MAIS

Jetzt produziere ich selbst Bt-Eiweißkristalle
MAIS

Haha, ihr gierigen Raupen, wartet's nur ab!

Die gesamte Maispflanze ist für die Raupen nun giftig.

Anderen Insekten fügen wir keinen Schaden zu. Schmetterlinge und Bienen fressen keinen Mais!

Transgene Pflanzen sind also harmlos für Menschen und warmblütige Tiere.

Vielen Dank Professor! Ich habe heute sehr viel gelernt.
Bis später, tschüss!

Könnten transgene Pflanzen viele unserer landwirtschaftlichen Probleme lösen?

Die Prinzessin hat einen Albtraum!

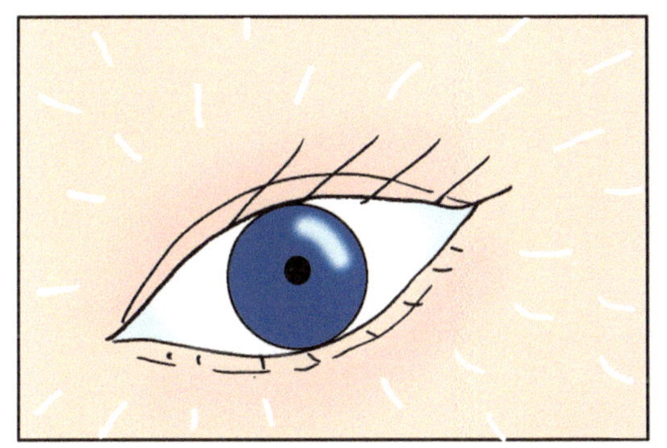
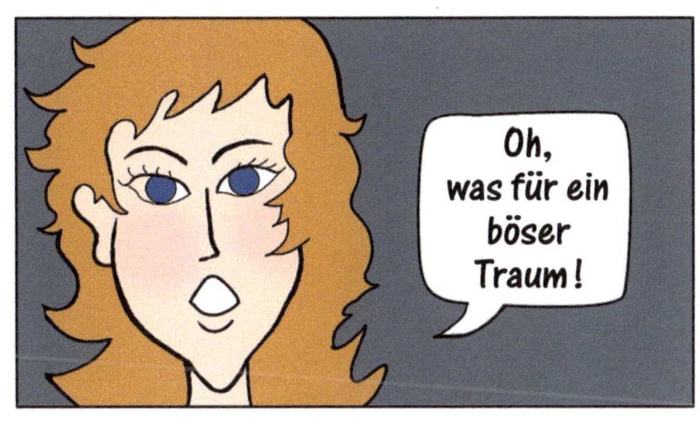

Oh, was für ein böser Traum!

Papa, ich habe schlecht geträumt – von transgenen Pflanzen.

Erzähl mir deinen Alb-traum.

Deine Sorgen sind nicht unberechtigt!

Wir beobachten und kontrollieren deshalb sehr genau die Bt-Pflanzen ...
LANDWIRTSCHAFT
... bisher gibt es KEINEN NACHWEIS für den Übergang von Bt-Genen auf Unkraut oder andere Pflanzen.

Es ist gesetzlich vorgeschrieben, dass dass gentechnisch veränderte Pflanzen von anderen Pflanzen räumlich getrennt sein müssen.
TRENNUNG

Transgene Pflanzen helfen den Einsatz von Pestiziden zu verringern!

Und transgene Lebensmittel können auch Nährstoffe für uns Menschen verbessern.

Ein berühmtes Beispiel ist der goldene Reis.
Zurzeit ernähren sich auf der Welt fast 2,4 Milliarden Menschen hauptsächlich von Reis. Es ist wirklich ein unglaublich wichtiges Lebensmittel.

Jedoch sind Provitamin A, Eisen und viele wichtige Proteine im Reis nicht enthalten.

Wenn sich jemand ausschließlich von Reis ernährt, kommt es zu schweren Mangelerscheinungen. Man wird krank!

Wissenschaftler schätzen, dass aufgrund Vitamin-A-Mangels jährlich 2 Millionen Menschen sterben und eine halbe Million Kinder erblinden.

GOLDENER REIS

*Erfinder des Goldenen Reises ist ein Team um den Schweizer Wissenschaftler Ingo Potrykus. Ziel ist, Menschenleben in ärmeren Ländern mit diesem neuen Reis zu retten.

Ich verstehe, neben landwirtschaftlichen Vorteilen und weniger Pestiziden sind transgene Pflanzen für die vollwertige Ernährung unerlässlich.

Grundlagenforschung und strenge Kontrolle der Anpflanzungen sind enorm wichtig.
ZUSÄTZLICHE NÄHRSTOFFE
VITAMINE
KONTOLLE

Man kann diesen Dingen keinen freien Lauf lassen.

Sehr richtig, hier ist strenge Kontrolle gefragt.

Ich habe übrigens mit Prof. Nanoroo gesprochen. Er schlägt einen interessanten Weg zur Insektenkontrolle vor.

Ja, genau! Man könnte einen „Robotervogel" entwickeln, haha!

Prof. Nanoroo schlägt den Einsatz von „Robotervögeln" vor, die Insekten an ihrem Geruch erkennen und die richtigen mechanisch herauspicken – ohne Insektizide!

Ich hab mir das natürlich für mich nur so ausgedacht. Diese Technologie gibt es auf der Erde noch nicht.

Prof. Nanoroos Technologie kann vielleicht nicht auf unserer Erde angewandt werden, aber kreative wissenschaftliche Ideen sind immer willkommen!

Ah, für dich!

Was?! Blaue Rosen?

Es sind transgene Pflanzen, denen ein Gen für die blaue Farbe eingesetzt wurde.

Ich untersuche gerade den „leuchtenden" Gentransfer bei Rosen.

Biolumiszente blaue Rosen! Was für ein Exportschlager für unser kleines Land!

Ich weiß, dass einige Wissenschaftler leuchtende Bäume in der Entwicklung haben, die als Orientierung bei Nacht dienen könnten.

Aber Papa, wenn diese Leuchtgene sich ausbreiten ...
Würden wir uns dann in einer leuchtenden Umgebung wieder finden, wie im Film „Avatar"?
Du hast natürlich recht, Biola, wir müssen sehr vorsichtig damit sein.

MODERNE LANDWIRTSCHAFT UND BIOTECHNOLOGIE

Neues Brot für die Welt!

Die Zahl der Menschen auf der Erde steigt tagtäglich an. Im Jahre 2014 waren es bereits **7 000 000 000**, das sind SIEBEN Milliarden Menschen! Und das geschieht, obwohl zum Beispiel in China die „Ein-Kind-Familie" per Gesetz seit 1973 forciert wird und die Zahl der Chinesen nur noch sehr langsam steigt.

Wie soll man diese riesige hungrige 7 Milliarden-Menschenmenge **ausreichend und auch gesund ernähren**?

Natürlich ist das Problem des Hungers ein **Verteilungsproblem**. Der Süden produziert für den Norden der Welt. Aber man braucht auch **neue effektivere landwirtschaftliche Nutzpflanzen**. Außerdem müsste die Menschheit insgesamt weniger Fleisch verzehren: Man braucht etwa 10 Tonnen Pflanzen, um nur eine einzige Tonne Fleisch zu produzieren! Die Bauern im Süden wünschen sich sehnlichst: Neue Pflanzen, die **nicht von Insekten befallen** werden, die **Trockenheit** und **Salzböden** gut überstehen, die weniger **Wasser** und **Dünger** brauchen.

Die Züchter von Pflanzen und Tieren haben seit tausend Jahren enorm viel geschafft. Wenn man sich nur mal **Hunderassen** ansieht: vom Wolf zum Shih Tzu, zum Dackel, Windhund und Bernhardiner... alle diese Hunderassen sind so **total ohne Gentechnik** gezüchtet!

Die Biotechnologen helfen nun heute, noch schneller bei der Züchtung voranzukommen, aber **es muss natürlich SINN machen**. Die „Eierlegende Wollmilchsau" wird es also niemals geben, auch niemals Fisch-Gene in Tomaten, wohl aber Nahrungsmittel für arme Menschen in Afrika mit allen wichtigen Vitaminen, wie den **Goldenen Reis**.

Auch für uns in den reicheren Ländern wird es bald dank der Biotechnologie **wohlschmeckendere, haltbarere und auch gesündere Nahrung** geben als bisher. Die wird auch alle Skeptiker überzeugen!

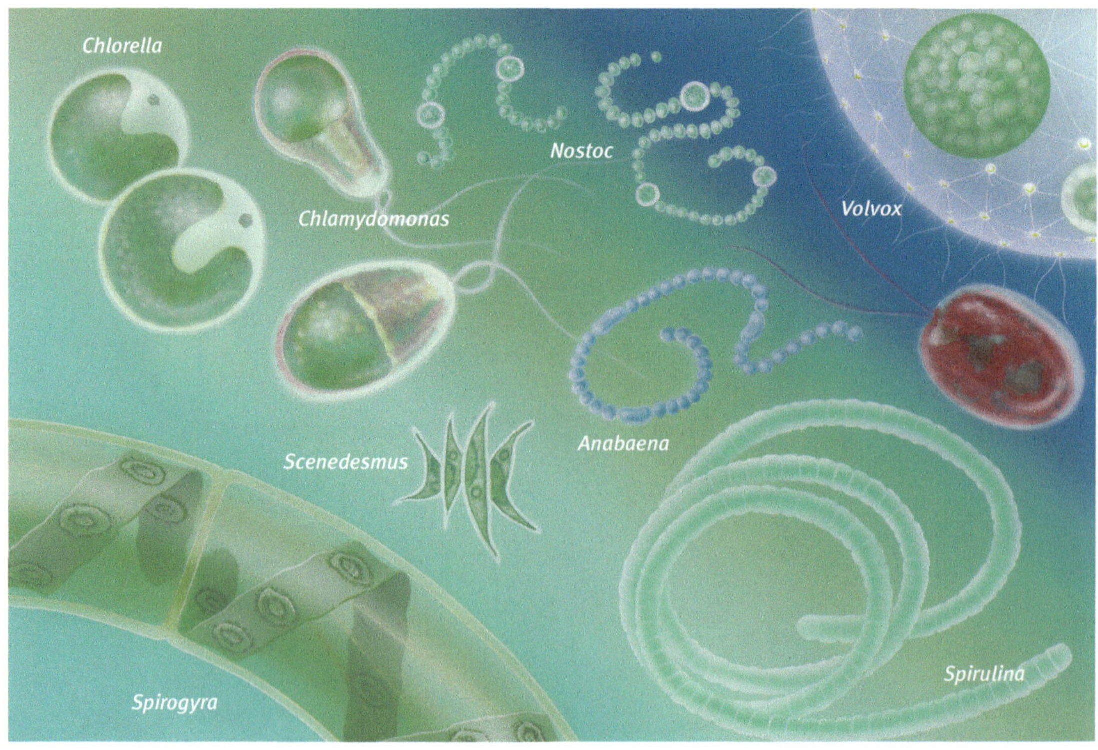

Biotechnologisch wichtige Algen und Cyanobakterien

Algenfarmen

Die Biotechnologie nutzt zunehmend großzellige Makro-Algen für die Ernährung.

Besonders die Algen **Spirulina** und **Chlorella** werden als eiweißreiche und gesunde Nahrung in Asien in Algenfarmen massenhaft kultiviert. Versuche, Eiweiß aus Erdöl durch Bakterien zu erzeugen, scheiterten dagegen am zu hohen Preis des Öls.

Ein Schädling als Gentechniker

Wie kann man aber auf Pflanzen fremde Gene übertragen?

Man benutzt Plasmide von *Agrobacterium*. Das ist ein pflanzenschädliches Bakterium, das krebsartige Wucherungen (Gallen) bei Pflanzen hervorruft. Die ringförmigen Plasmide aus *Agrobacterium* werden isoliert. Dann werden Fremd-Gene mit DNA-Scheren und -Klebstoff (Restriktasen und Ligase) eingebaut. Nun schleust man das neue Plamid wieder in *Agrobacterium* ein.

Die Bakterienzelle **infiziert Pflanzen und überträgt dabei die fremden Gene gleich mit**. So produzieren nun Pflanzen ihnen total fremde Proteine.

Man kann **sogar ganze Systeme übertragen**, zum Beispiel Ketten von Enzymen, die Vitamine produzieren, wie das Vitamin A.

Der Goldene Reis

Goldener Reis im Vergleich: Die gelbe Farbe beruht auf Carotinoiden (Vitamin A); die Farbintensität ist ein Maß für die Konzentration (im Beispiel etwa 4 mg/g).

Hunderte Millionen arme Menschen in Afrika und Asien leiden unter dem **Mangel an Vitamin A** (chemisch ist das ß-Carotin). Ende der 1990er Jahre begannen Ingo Potrykus, Professor in Zürich, und Peter Beyer, in Freiburg, einen neuen Vitamin A haltigen Reis zu entwickeln. Er sollte das Problem vor allem in Asien und Afrika überwinden. Damit ß-Carotin im Reiskorn gebildet werden kann, mussten jeweils **ein Gen aus der Narzisse und einem Bakterium übertragen** werden. Das ß-Carotin führte dann zu einer goldgelben Färbung des Reises, weswegen er als **Goldener Reis** bezeichnet wird.

Zwei Tassen Goldener Reis decken den täglichen Vitamin A-Bedarf eines Erwachsenen.

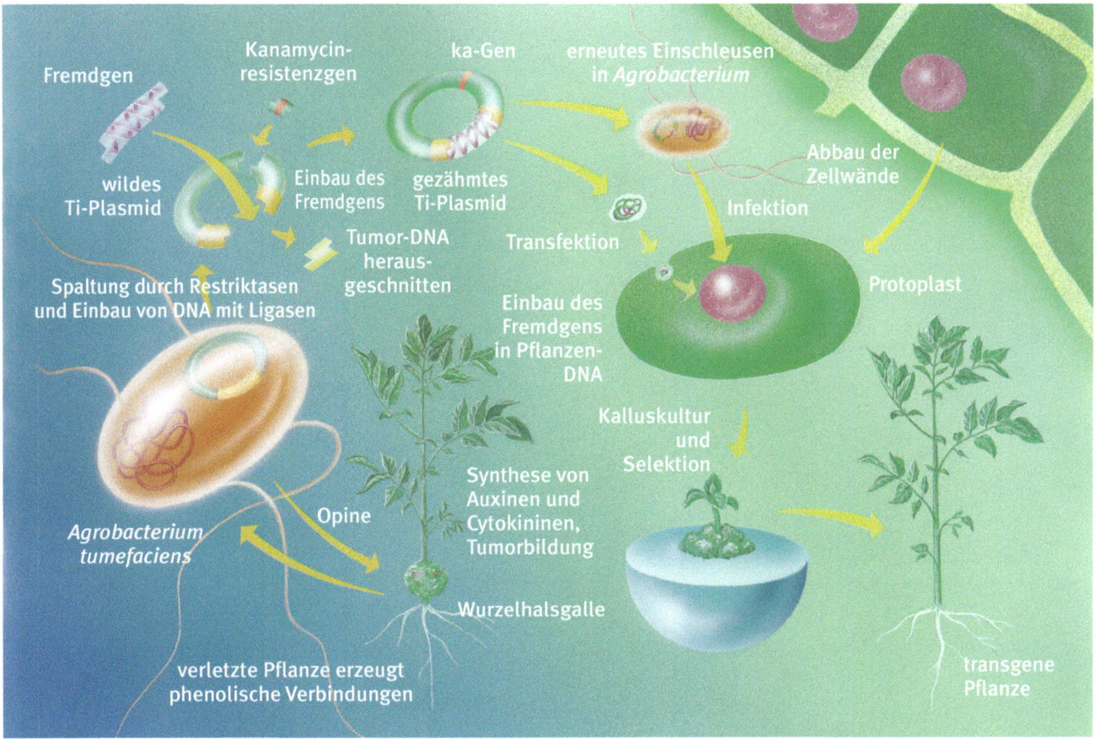

Wie *Agrobacterium* fremde Gene auf Pflanzen überträgt.

Zeit, nach Hause
zu fliegen ...

Guten Morgen, König Alfred!

Gerade haben wir eine Nachricht von unserem Planeten erhalten. Ich soll PicoLeo zurückbringen und natürlich ist man dort gespannt auf den Bericht über unsere Abenteuer bei euch!

Na gut, schön für euch, aber traurig für die Prinzessin und für mich. Aber natürlich versteh ich das... Kannst du ein wenig zusammenfassen, was du bei uns gelernt hast?
Und ich hoffe doch stark, dass ihr recht bald zur Erde zurückkehrt.

Klar doch, wir freuen uns, wenn wir neue Freunde kennenlernen, wie dich und Prinzessin Biola.
Und wir haben viel mehr über das Leben auf der Erde erfahren.

Es unterscheidet sich etwas: unser Planet ist aus Silizium anstatt aus Kohlenstoff, aber schon sehr ähnlich...
Aber auf der Erde macht es viel mehr Spaß!!

Ha, deine Spaßzeit ist nun vorbei!
Ja, wir sind alle sehr intelligent und müssen im Universum friedlich miteinander leben.

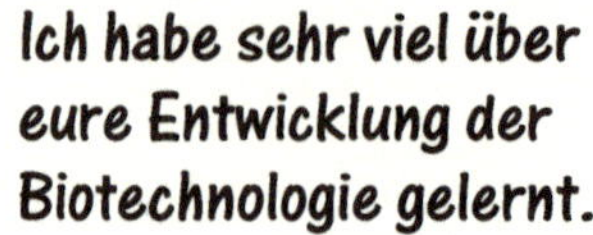

Ich habe sehr viel über eure Entwicklung der Biotechnologie gelernt.

Die Biotechnologie begann auf der Erde mit FERMENTATION.
Hier wird BROT, BIER und WEIN mit Hilfe von Mikroben, hauptsächlich Hefe, hergestellt.

HEFE
Ha! Wir sind Pioniere!
Nur mit uns können die Menschen diese Dinge genießen.

Aber auch Käse, Tofu, Essig und später ANTIBIOTIKA wurden mit Bakterien produziert.
Bakterien

Antibiotika wie das PENICILLIN haben schon Millionen von Menschen das Leben gerettet!
Dieses und andere Stoffe möchten wir gern das nächste Mal studieren, also möglichst bald sogar.

Dann lernten wir die Gentechnik bei der Pflanzenproduktion kennen.
Und wie man Vitamin-A-angereicherten Goldenen Reis gewinnt.

Ah, ein sehr gutes Beispiel. Der Goldene Reis enthält zehnmal mehr Vitamin A als normaler Reis.
Ein wahrer Fortschritt für die Menschen. 200 000 Kinder in Afrika sind zuvor erblindet, ehe sie dies hatten.

Andererseits haben sehr viele Leute was gegen genetisch veränderte Organismen, die sogenannten GMOs.
Sie sind der Meinung, man sollte keinen lebenden Organismus verändern.
GMO
Keine GMO

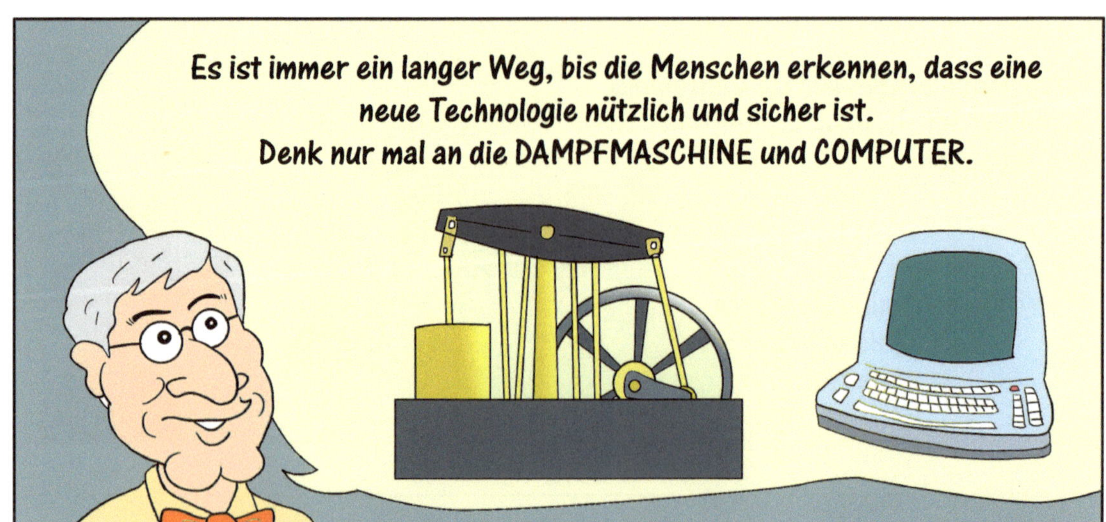
Es ist immer ein langer Weg, bis die Menschen erkennen, dass eine neue Technologie nützlich und sicher ist.
Denk nur mal an die DAMPFMASCHINE und COMPUTER.

Ja, aber ich denke auch, dass die NUKLEARPHYSIK die Menschen auf der Erde sehr skeptisch gemacht hat gegenüber Wissenschaft und Technik.
Hiroshima, Nagasaki, Tschernobyl, Fukushima... waren gigantische Katastrophen!

Der Fortschritt ist immer ein Auf und Ab.
Es ist wichtig, dass Technik kontrolliert eingesetzt wird.

Auch ein einfaches Messer kann man bekanntlich zum Brotschneiden oder als Waffe nutzen. Es hängt immer davon ab, wie du es einsetzt.
Der Fortschritt wird niemals gestoppt werden. Der große Schriftsteller Victor Hugo sagte einmal:
Keine Armee kann eine Idee aufhalten, deren Zeit gekommen ist.
Die Zeit der Biotechnologie ist auf der Erde gekommen!
Auf unserem Planeten nutzen wir bereits seit 300 Jahren, in Erdzeitmessung, die Biotechnologie.

Professor, wir haben nun aber noch gar nicht die Gentechnik bei den Tieren auf der Erde gesehen.
Ich habe dazu schon einiges ermittelt. Vielleicht nächstes Mal hörst du mehr darüber.

Gut zu sehen, wie ihr die Biotechnologie auf der Erde einsetzt.
Hoffentlich entwickelt ihr sie sicher und erfolgreich.
Kommt recht bald wieder zu uns. Wir freuen uns schon, euch wiederzusehen!

Viel Glück und tschüss, liebe Freunde!
Tschüss, ihr Erdbewohner!